Albert Thiele

Die Kunst zu überzeugen

Albert Thiele

Die Kunst zu überzeugen

Faire und unfaire Dialektik

Mit 30 Abbildungen

8. Auflage

 Springer

Dr. Albert Thiele
Advanced Training · Unternehmensberatung ·
Management-Training · Coaching
Nievenheimer Straße 72
40221 Düsseldorf
Dr.Thiele@t-online.de; http://www.albertthiele.de

Bibliografische Information der Deutschen Bibliothek
Die Deutsche Bibliothek verzeichnet diese Publikation in der Deutschen Nationalbibliografie;
detaillierte bibliografische Daten sind im Internet über http://dnb.ddb.de abrufbar.

ISBN-10   3-540-28228-9 Berlin Heidelberg New York
ISBN-13   978-3-540-28228-0 Berlin Heidelberg New York

Springer ist ein Unternehmen von Springer Science+Business Media
springer.de
© Springer-Verlag Berlin Heidelberg 1994, 1998, 2002, 2006
Printed in Germany

Umschlaggestaltung: medionet AG, Berlin
Satz: Fotosatz-Service Köhler GmbH, Würzburg
Gedruckt auf säurefreiem Papier   68/3020/m   - 5 4 3 2 1 0

Vorwort zur 8. Auflage

Überzeugungsfähigkeit ist ein entscheidender Erfolgsfaktor in allen Kommunikationssituationen, insbesondere im Rahmen des modernen Kundenbindungsmanagement. Auch Sie haben in vielen Situationen Ihres beruflichen Alltags Überzeugungsarbeit zu leisten: In Gesprächen und Verhandlungen genauso wie in Besprechungen oder bei Präsentationen. Dabei sind Persönlichkeit, dialektisches Geschick und gute Sachargumente gefordert, um andere für Ihre Ideen und Vorstellungen zu gewinnen, Sachprobleme im Dialog zu lösen und gleichzeitig die Beziehung mit ihnen zu gestalten.

Das vorliegende Buch wendet sich an Führungs- und Fachkräfte und an alle, die daran interessiert sind, ihre persönliche Überzeugungswirkung zu optimieren. Es beschäftigt sich praxisbezogen und theoriegeleitet mit den Grundlagen erfolgreicher Argumentation und mit der Anwendung des dialektischen Know-hows

- in Präsentationen
- in Verhandlungen
- in Besprechungen und Gesprächen
- bei Auftritten in Funk und Fernsehen sowie
- in Diskussionsrunden und Debatten.

Ich wünsche Ihnen viel Erfolg bei der Vervollkommnung Ihrer Dialektik und Überzeugungswirkung. Möge Ihnen dieser Leitfaden helfen, Ihre Stärken weiter zu entwickeln und Ihre Verbesserungspotenziale zu erschließen.

Viel Freude beim Lesen!

Düsseldorf im Oktober 2005 *Albert Thiele*

V

Inhalt

Bedeutung des Themas

Als Führungs- und Fachkraft haben Sie in vielen Situationen des Alltags Überzeugungsarbeit zu leisten: in Verkaufs- und Mitarbeitergesprächen, bei Kundenpräsentationen, in Besprechungen und Konferenzen, bei Verhandlungen und nicht zuletzt im Dialog mit der kritischen Öffentlichkeit. Immer geht es darum, eine oder mehrere Personen für Ihre Ideen und Vorstellungen zu gewinnen, Sachprobleme zu lösen und Beziehungen zu entwickeln. Die Kunst zu überzeugen und auch mit schwierigen Partnern zu kooperieren gehört zweifellos zu den Fähigkeiten, die Schlüsselcharakter haben, sowohl für den beruflichen als auch für den gesellschaftlichen und privaten Bereich. Es lohnt sich daher, über bewährte und neue Wege nachzudenken, das persönliche Überzeugungs-Management zu verbessern.

Ihre rhetorischen und dialektischen Fähigkeiten sind in besonderer Weise gefordert,

- wenn in Verhandlungen, Gesprächen oder Präsentationen viel auf dem Spiel steht,
- wenn Sie Entscheidungsgremien für Ihre Ideen oder Konzepte gewinnen wollen,
- wenn Sie mit schwierigen Verhandlungspartnern zu Einigungen kommen müssen,
- wenn Konflikte, Antipathie oder Vorurteile die Beziehung belasten,
- wenn Sie mit Querulanten, Nein-Sagern oder Profilneurotikern zu tun haben,
- wenn die andere Seite auf Konfrontation geht und Verhandlungsmacht ausspielt,

1

- wenn Ihr Gesprächspartner durch *eristische (= unfaire)* Taktiken vom Sachthema ablenken will, z. B. durch Killerphrasen oder persönliche Angriffe.

Dieses Buch vermittelt wesentliche Voraussetzungen für erfolgversprechende Überzeugungsarbeit und hilft Ihnen, Ihr Argumentationsverhalten zu überprüfen, Stärken auszubauen und Verbesserungspotenziale zu erschließen.

Dies kommt Ihnen in zweifacher Hinsicht zugute: Zum einen profitieren Sie unmittelbar bei der Bewältigung Ihrer täglichen Führungs- und Fachaufgaben, etwa bei Gesprächen, Verhandlungen oder Besprechungen. Zum anderen ist verbesserte soziale Kompetenz ein erfolgskritischer Faktor, um künftige Laufbahnziele zu erreichen und den argumentativen Wettbewerb mit anderen zu bestehen.

Das Thema dieses Buches hat darüber hinaus eine große Bedeutung für die Beziehung zu den Kunden und für eine nachhaltige Entwicklung der Kundenbindungen. Denn Kundenbindungsmanagement wird maßgeblich durch Mitarbeiter im täglichen Kundenkontakt betrieben. Die Einstellungen und Überzeugungsfähigkeiten der Mitarbeiter tragen wesentlich zum Erfolg des Kundenbindungsmanagement und damit zur Zukunftsfähigkeit des Unternehmens bei.

Lesehinweis

- Dieses Buch richtet sich gleichermaßen an männliche und weibliche Führungs- und Fachkräfte. Unabhängig von der männlichen Sprachform sind stets beide Geschlechter gemeint.
- Die Begriffe Kunde, Zuhörer und Gesprächspartner werden im Folgenden synonym verwendet. Überzeugungssituation beinhaltet alle Anwendungssituationen, also Präsentationen, Verhandlungen, Besprechungen, Gespräche, Auftritte in Funk und Fernsehen sowie Diskussionsrunden.

Bevor wir die Konzeption dieses Buches vorstellen, werfen wir einen Blick auf die Erwartungen, die Führungs- und Fachkräfte in meinen Kommunikationstrainings am häufigsten nennen.

Was Seminarteilnehmer lernen und trainieren wollen:

Thema: Verhandlungen und Gespräche

- eigene Interessen und Ziele durchsetzen,
- persönliche Beziehungen aufbauen und entwickeln,
- Sachprobleme effizient lösen,
- aus festgefahrenen Situationen herauskommen,
- mit schwierigen Partnern zu Einigungen kommen,
- im internationalen Geschäft verhandeln (insbesondere gegen den Wettbewerb).

Thema: Diskussionen und Besprechungen

- agieren statt reagieren,
- siegen lernen,
- Besprechungen gekonnt moderieren,
- Gelassenheit in Stress-Situationen,
- Teilnehmer motivieren und aktivieren,
- Umgang mit Kritikern,
- unfaire Angriffe früh neutralisieren.

Thema: Vortrag und Präsentation

- sicher, kompetent und überzeugend auftreten,
- kundengerechte Präsentationsstrategien entwickeln,
- visuelle Medien optimieren,
- Zuhörer fesseln,
- anschaulich und verständlich erklären,
- mehr Sicherheit bei Auftritten in Funk und Fernsehen.

Sonstige Erwartungen

- eigene Stärken und Lerndefizite erkennen,
- Wirkung auf andere in Erfahrung bringen,
- das Überzeugungs-*Verhalten* verbessern,
- Redehemmungen in den Griff bekommen.

Konzeption und
Aufbau dieses Buches

● ● ● ● ● ● ● ● ● ● ● ● ● ● ● ● ● ●

Dieses Buch ist ein Leitfaden für die Praxis. Theoretische Ausführungen sind zugunsten umsetzbarer Handlungsempfehlungen auf ein Mindestmaß beschränkt worden. Die Übersicht zeigt Ihnen den modularen Aufbau.

Sie können bei Bedarf in einen Baustein Ihrer Wahl, z. B. „Beziehungen gestalten" oder „Verhandlungen" gehen, ohne die anderen durchgearbeitet zu haben. Lästiges Hin- und Herblättern – etwa durch Rückverweise – hält sich so in vertretbaren Grenzen.

Die Kunst zu überzeugen – faire und unfaire Dialektik

Grundlagen erfolgreicher Überzeugungsarbeit

1. Zielwirksame Vorbereitung	2. Persönlichkeit	3. Rhetorische Aspekte
4. Beziehungen gestalten	5. Fünfsatztechnik	6. Fragetechnik
7. Einwände behandeln	8. Verständlichkeit	9. unfaire Taktiken

Anwendungssituationen im beruflichen Alltag

10. Präsentation	11. Verhandlungen	12. Besprechungen
13. Gespräche	14. Auftritte in Funk und Fernsehen	15. Diskussionsrunden und Debatten

Die Bausteine 1 bis 15 fassen die Ansatzpunkte zur Optimierung der Überzeugungsarbeit zusammen. Für den eiligen Leser haben wir die Quintessenz in dem vorgeschalteten Kapitel „Das Wichtigste auf einen Blick" zusammengefasst. Das Buch gliedert sich – wie die Übersicht zeigt – in zwei große Abschnitte:

Grundlagenteil

Gegenstand der Bausteine 1 bis 9 sind die allgemeinen Voraussetzungen für sicheres Auftreten und überzeugende Argumentation. Vermittelt wird das Know-how zu den erfolgswichtigen Aspekten:

- Zielwirksame Vorbereitung, um die richtige Strategie zu finden und früh Kompetenzsignale setzen zu können (Baustein 1)
- Wirkung der eigenen Persönlichkeit und Rhetorik (Bausteine 2 und 3)
- Beziehungsintelligenz, um die emotionale Beziehung zum Kunden aktiv zu gestalten (Baustein 4)
- dialektische Basisfähigkeiten und Techniken (Bausteine 5 bis 8) sowie
- Fähigkeit, unfaire Taktiken und unsachliche Spielarten früh zu erkennen und abzuwehren (Baustein 9).

Anwendungssituationen

In den Bausteinen 10 bis 15 erfahren Sie, wie Sie die allgemeinen Voraussetzungen erfolgreicher Überzeugungsarbeit im beruflichen Alltag umsetzen können. Im Einzelnen geht es um Argumentations- und Beziehungserfolg in folgenden Situationen:

- Präsentation (Baustein 10)
- Verhandlungen (Baustein 11)
- Besprechungen (Baustein 12)
- Gespräche (Baustein 13)
- Auftritte in Funk und Fernsehen (Baustein 14)
- Diskussionsrunden und Debatten (Baustein 15).

Ein abschließendes Kapitel zeigt Ihnen, was aus lernpsychologischer Sicht günstig ist, neue Gewohnheiten im Alltag aufzubauen. Dieser Punkt schließt die Frage ein, wie Sie Ihr Selbstlernen durch den Besuch geeigneter Seminare ergänzen können.

Das Bausteinsystem erhebt keinen Anspruch auf Vollständigkeit und ist in erster Linie für praktische Zwecke entwickelt worden. Insofern ist es eine Arbeitshypothese, die im Lichte neuer Erfahrungen und Erkenntnisse ständig weiterentwickelt wird. Das Bausteinsystem basiert unter anderem auf folgenden Quellen:

- 20 Jahre Berufserfahrung des Autors als Kommunikations- und Management-Trainer sowie als Coach,
- Analyse seriöser Trainingskonzepte am Markt, zum Themenbereich Dialektik, Rhetorik sowie „zwischenmenschliche Kommunikation" (z. B. das „Harvard-Konzept"),
- Auswertung fachwissenschaftlicher Untersuchungen zu den Themen: Psychologie des Gesprächs, Verständlichkeit, Körpersprache, Verkaufstechniken sowie Marketing und Öffentlichkeitsarbeit.

Wie Sie dieses Buch bestmöglich nutzen

Beim Durcharbeiten dieses Leitfadens ist letztlich entscheidend, dass Sie die für Sie relevanten Anregungen in Ihre Alltagspraxis umsetzen. Dabei ist es ratsam, vom persönlichen Bedarf auszugehen. Damit Sie in umfassender Weise profitieren, sind hierfür eine Reihe didaktischer Hilfen vorgesehen. Dazu gehören:

- die Strukturierung des Ganzen in modularer Form.
- das vorgeschaltete Kapitel, das die dialektischen Regeln komprimiert zusammenfasst.
- Fragenkataloge und Checklisten, die Ihnen Gelegenheit bieten, Ihr Vorwissen bewusst zu machen und Ihren Lernbedarf zu zu erkennen.
- Anregungen für Anwendungspläne (= Transferpläne) sowie Empfehlungen zum Aufbau neuer Gewohnheiten.
- Abbildungen und Schaubilder, die Ihnen Aufnahme und Behalten der Ausführungen erleichtern.

- das Stichwortverzeichnis, das den raschen Zugriff auf ein gewünschtes Thema sicherstellt.

> **Praxistipp.** Prüfen Sie beim Durcharbeiten dieses Buches alle Empfehlungen unter zwei Gesichtspunkten:
> 1. Inwieweit passt die Empfehlung zu Ihrer Persönlichkeit und zu Ihrem Verhalten?
> 2. Inwieweit passt die Empfehlung zu Ihrer Anwendungssituation und Zielsetzung?

Grundlegende Begriffe

Die Erarbeitung und Anwendung von Überzeugungstechniken fällt leichter, wenn Sie die (notwendigen) Fachbegriffe kennen und die wesentlichen Aspekte im Blick haben, die an zwischenmenschlicher Kommunikation beteiligt sind.

Fragen wir uns zunächst, was „Überzeugen" bedeutet: Es geht darum, eine oder mehrere Personen zur Annahme Ihrer Ideen, Vorstellungen oder Ihres Standpunktes zu bewegen, und zwar durch eine zielgerichtete, sachlich fundierte und psychologisch geschickte Argumentation, wie auch durch Ihr Auftreten und Ihre Persönlichkeit.

Dialektik

Die Dialektik beschäftigt sich systematisch mit der Frage, wie man günstige Voraussetzungen für die tägliche Überzeugungsarbeit schaffen kann. In der Jesuiten-Schulung gliedert sich die „ars dialectica" in zwei Bereiche: die Frieddialektik und die Kampfdialektik.

Frieddialektik

In der fairen Dialektik (= Frieddialektik) geht es einmal um die Kunst andere zu überzeugen. Beispiele:

- Sie wollen Ihr Team von der Richtigkeit einer neuen Vertriebsstrategie überzeugen.

- Ihre Präsentation hat zum Ziel, Ihren Vorstand für die Freigabe eines Budgets zu gewinnen.
- Sie wollen die Position Ihres Unternehmens möglichst überzeugend in einem Fernsehinterview darstellen.

Zur Frieddialektik gehört ein zweiter Schulungsgegenstand. Hierbei geht es darum, durch Argumentation und Kooperation Sachprobleme zielwirksam zu lösen. Beispiele:

- Sie wollen in einer Besprechung einen Kompromiss erreichen, der von allen Beteiligten getragen wird.
- Sie wollen in einer Diskussion mit einem Projektteam eines Kunden eine strittige Konzeption weiterentwickeln, sodass am Ende eine Lösung steht, mit der beide Seiten leben können.

Zur Anwendung kommen hierbei ausschließlich faire Mittel. Diese Form des Miteinander ist durch eine konstruktive Grundhaltung auf beiden Seiten, durch Sachlichkeit und Dialog gekennzeichnet. Zu den Voraussetzungen eines produktiven Miteinander gehört es zum Beispiel,

- Seite an Seite, also im Miteinander nach Lösungen zu suchen,
- dem anderen Wertschätzung auch dann entgegenzubringen, wenn man unterschiedlicher Meinung ist,
- ein Sympathiefeld zu schaffen,
- rationale und emotionale Bedürfnisse des anderen zu berücksichtigen,
- den Partner nicht zu erdrücken oder emotional einzuengen,
- von A bis Z Fairness walten zu lassen.

Grafisch können wir uns den Kerngedanken so verdeutlichen, dass die Waage des Gesprächs im Gleichgewicht ist. Alle Beteiligten gehen aufeinander zu, versuchen im Miteinander Sachprobleme zu lösen und betrachten den anderen als Partner. Dabei gehört es zu einer partnerschaftlichen Gesprächskultur durchaus, mit Leidenschaft um den besten Weg zu ringen oder den Advocatus Diaboli zu spielen. Wichtig ist, dass auch in heftiger Disputation alle Beteiligten ihr Gesicht wahren können.

Die Erfahrungen im betrieblichen und privaten Alltag zeigen nun, dass über die Befähigung zum guten Gespräch, zum Zuhören und zur Partnerschaft zwar oft gesprochen wird. Nur fällt es vielen leichter, von der Tugend zu reden als die Tugend selbst zu beherzigen.

Jeder kennt Reizthemen, Schwarze-Peter-Spiele, persönliche Angriffe und andere unfaire Tricks und Winkelzüge, die einem sachlichen Gedankenaustausch im Wege stehen können. Vor diesem Hintergrund gewinnt der zweite Teilbereich der Dialektik an Bedeutung, die

Kampfdialektik

Im Vordergrund steht hier das Ziel, in der Argumentation zu siegen, recht zu behalten und seine Meinung durchzusetzen. Typische Schulungsthemen der Kampfdialektik sind die Methoden des Angriffs und Abwehr. Dieser Teilbereich der Dialektik wird auch Eristik genannt. Eristik ist die Kunst des Streitgesprächs („Eris" = griechische Göttin der Zwietracht). Wir behandeln die unfairen Tricks und Winkelzüge nur, damit Sie früh erkannt und abgewehrt werden können.

Während es bei der Frieddialektik nur Sieger gibt – für ein gutes Gespräch gilt das Sieg-Sieg-Modell – geht es in der Kampfdialektik darum, zu siegen, die Oberhand zu behalten sowie Wissenslücken und Schwachstellen beim anderen konsequent aufzudecken.

Zwei weitere Begriffe sollten Sie kennen, wenn Sie daran interessiert sind, Ihre Überzeugungskraft zu verbessern.

Rhetorik

Der Brockhaus definiert diese Disziplin als die Kunst, gut zu reden (lat.: ars bene dicendi). Im Mittelpunkt eines Rhetorik-Trainings steht die Entwicklung der Fähigkeit, vor Zuhörern (von der Kleingruppe bis zum großen Auditorium) überzeugend und sicher zu sprechen. Zu den rhetorischen Mitteln gehören insbesondere sprechtechnische, körpersprachliche, dramaturgische, psychologische und sprachliche Faktoren.

Ein vierter Schulungsbereich wird vor allem von technisch und wissenschaftlich orientierten Führungs- und Fachkräften zu wenig beachtet: die Körpersprache.

Kinesik

Kinesik (grch.: kinesis = Bewegung) ist die Lehre von der Sprache des Körpers. Sie ist eine angewandte Ausdruckspsychologie und beschäftigt sich mit der Beschreibung und Erklärung körpersprachlicher Signale des Menschen. Die Kinesik hat für unser Thema eine doppelte Bedeutung:

1. Zum einen für Sie als Sprecher: Was können Sie tun, um überzeugend zu wirken? Was ist im Hinblick auf Haltung, Gestik und Mimik zu bedenken, wenn Sie in ein Gespräch oder in eine Diskussion gehen, wenn Sie eine „Bühne" betreten?
2. Zum anderen hilft Ihnen die Lehre von der Körpersprache, bei Ihrem Gesprächspartner oder Ihren Zuhörern zu erkennen, ob Offenheit, Interesse und Zuwendung gegeben sind oder ob Widerstand, Verständnisprobleme und Bedenken signalisiert werden.

Die Strukturelemente des Argumentationsfeldes

Die Ausführungen zu den Grundbegriffen Dialektik, Rhetorik und Kinesik lassen bereits die Komplexität zwischenmenschlicher Kommunikation erkennen. Wer optimale Voraussetzungen für die Überzeugungsarbeit schaffen will, ist gut beraten, alle relevanten Faktoren zu berücksichtigen. Das Modell von Schulz von Thun erleichtert eine ganzheitliche Sicht auf die Erfolgsfaktoren: Wie in der Abbildung gezeigt, lassen sich Kommunikationssituationen jeweils auf vier Seiten reduzieren. Diese vier „Seiten einer Nachricht" gelten formal für alle Situationen, in denen argumentatives Geschick gefragt ist, also für Gespräche und Verhandlungen genauso wie für Besprechungen, Präsentationen, Interviews oder Diskussionsrunden.

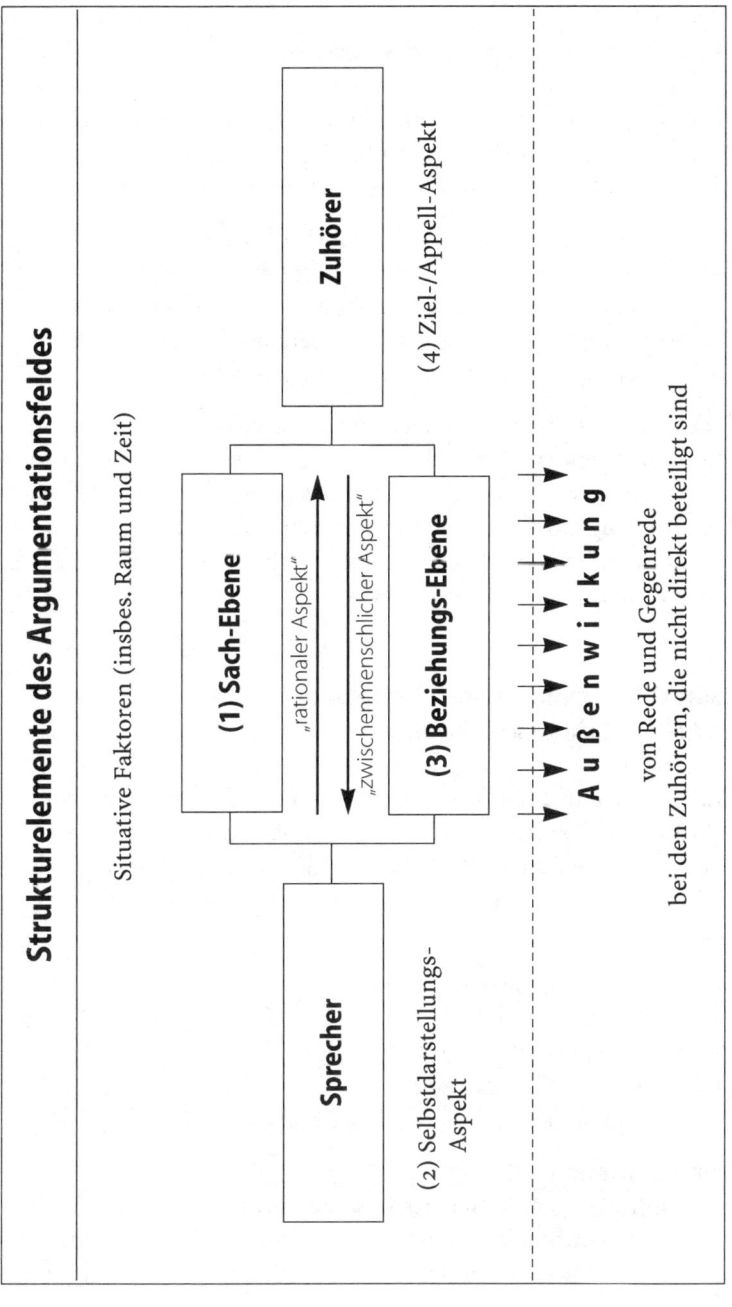

Strukturelemente des Argumentationsfeldes

Situative Faktoren (insbes. Raum und Zeit)

Sprecher

(2) Selbstdarstellungs-Aspekt

(1) Sach-Ebene

„rationaler Aspekt"

„zwischenmenschlicher Aspekt"

(3) Beziehungs-Ebene

Zuhörer

(4) Ziel-/Appell-Aspekt

A u ß e n w i r k u n g

von Rede und Gegenrede
bei den Zuhörern, die nicht direkt beteiligt sind

Sach-Ebene
(oder: Worüber wir sprechen, verhandeln, diskutieren…)

Die Sach-Ebene beinhaltet alles, was während der Argumentation von „Kopf zu Kopf läuft". Wichtige Fragestellungen, die in diesem Zusammenhang für die Überzeugungsarbeit wichtig sind:

- Welche Argumente habe ich, hat mein Gegenüber?
- Wie entwickle ich eine kundenorientierte Strategie?
- Wie kann ich die Kernbotschaft überzeugend darstellen?
- Wie kann ich ein Höchstmaß an Verständlichkeit sichern?
- Wie verteidige ich meine Aussagen gegen Kritik?

Dies ist der rationale, sachliche, logische Aspekt der Argumentation. Entscheidend sind hier neben dem verfügbaren Fach- und Allgemeinwissen die Fähigkeit, die eigenen Ideen und Produkte überzeugend darzustellen, Konzepte im Dialog weiterzuentwickeln und mit Rückfragen und kritischen Einwänden geschickt umzugehen.

Selbstdarstellung/Selbstoffenbarung
(oder: Was ich von mir selbst kundgebe)

In jeder Argumentation stecken nicht nur Informationen über das Thema, sondern auch Informationen über die Person und implizit über die Abteilung/Unternehmung des Sprechenden. Ihr Kunde leitet von der Art und Weise Ihres Auftretens beispielsweise ab, ob Sie eher

- sicher oder unsicher,
- seriös oder unseriös,
- innerlich beteiligt oder unbeteiligt,
- als Freund oder als Feind,
- als „Gewinner-" oder als „Verlierertyp"

auf ihn wirken.

Allgemein gesagt: In jeder Aussage steckt immer auch ein Stück Selbstoffenbarung. Dazu zählt die gewollte Selbstdarstellung genauso wie die unfreiwillige Selbstenthüllung. Die Faktoren Ihrer persönlichen Überzeugungswirkung werden in den Bausteinen 2 und 3 eingehend behandelt.

Beziehungs-Ebene
(oder: Was ich von Dir halte und wie wir zueinander stehen)

In Kommunikationssituationen werden nicht nur sachliche Themen diskutiert, sondern gleichzeitig emotionale Beziehungen zwischen den Beteiligten geregelt. Die Qualität der Beziehung zeigt sich in den gewählten Formulierungen, im Tonfall, in nichtsprachlichen Begleitsignalen und in der Art und Weise, wie Sie auf Fragen und Kritik reagieren. Die emotionale Beziehung ist nichts Statisches: Sie kann während eines Gesprächs oder einer Diskussion Höhen und Tiefen erleben. Sie kann auch aktiv beeinflusst werden, wie die folgende Abbildung zeigt:

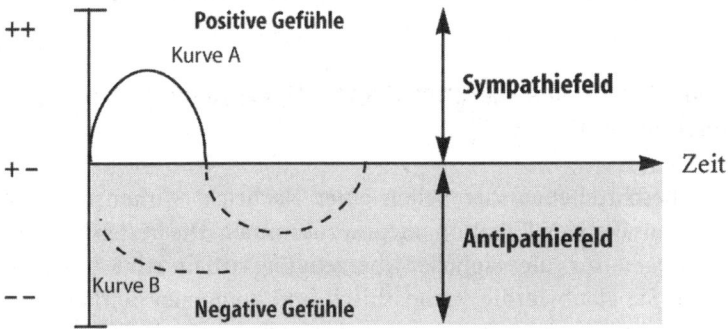

Bei einem konstruktiven Gesprächsklima verläuft die (durchgezogene) Kurve im positiven Bereich. Die Beteiligten schätzen sich wechselseitig, setzen sich gemeinsam für die Erreichung von Sachzielen ein und suchen im Dialog nach Lösungen, mit denen beide Seiten leben können.

Die emotionale Kurve A kann ins Antipathiefeld kippen, wenn z. B. Reizthemen oder unfaire Taktiken zu einem Streitgespräch führen. Gehen die Beteiligten von vornherein mit Vorurteilen oder latenten Konflikten in die Kommunikationssituation, so beginnt die (gestrichelte) Kurve B im negativen Bereich. Ein wichtiges Teilziel dieser Kommunikationssituation besteht dann darin, zunächst das frostige Klima aufzutauen und eine tragfähige Arbeitsatmosphäre zu schaffen.

Ziel/Appell
(oder: Wozu ich Dich veranlassen möchte...)

Kaum etwas wird „nur so" gesagt – jede Argumentation hat die Funktion, auf den Partner oder das Publikum Einfluss zu nehmen. Ihr Gegenüber soll veranlasst werden, bestimmte Dinge zu tun oder zu unterlassen, zu denken oder zu fühlen. Dieser Versuch, Einfluss zu nehmen, kann mehr oder minder offen oder versteckt sein – im letzteren Falle sprechen wir von Manipulation.

Die Festlegung der sachlichen und persönlichen Ziele ist ein unverzichtbares Element im Rahmen der Vorbereitung. Wie Sie dabei im einzelnen vorgehen, erfahren Sie in Baustein 1.

Beachten Sie alle Faktoren, die Ihre Überzeugungswirkung beeinflussen

Die beschriebenen vier Seiten einer Nachricht wirken in jeder kommunikativen Situation integral zusammen. Die besten Voraussetzungen für die tägliche Überzeugungsarbeit sind gegeben, wenn Sie glaubwürdig, sympathisch und kompetent wirken. Wie Sie dies erreichen können, erfahren Sie in diesem Buch. Forschungsergebnisse bestätigen unsere Alltagserfahrung, dass Ihre Kunden – mindestens beim Erstkontakt – Ihrem Auftreten und Ihrer emotionalen Ausstrahlung mehr Aufmerksamkeit schenken als den Sachargumenten. Und dies offenbar umso mehr, je geringer die Bildungsvoraussetzungen und das Verständnis für die Sachzusammenhänge beim Gegenüber sind. Daher ist es sehr wichtig, als glaubwürdig erlebt zu werden, weil Ihre Gesprächspartner Ihren Aussagen zunächst blind vertrauen müssen. Ihr Gegenüber hat während Ihrer Argumentation keine Zeit und Gelegenheit, Ihre Beweismittel auf Tragfähigkeit zu prüfen. Im Zweifel wird sich der

Gesprächspartner fragen, ob Sie ihm vertrauenswürdig und fachkundig erscheinen. Wer auf Ablehnung stößt, wird kaum eine Chance haben, andere durch noch so gute Argumente zu überzeugen.

Einschlägigen Untersuchungen zufolge fördern Sie Ihre Überzeugungswirkung beim Kunden,

- wenn Sie sicher, glaubwürdig und seriös auftreten,
- wenn Sie als vorbereitet und sachkundig eingeschätzt werden,
- wenn er den Eindruck hat, dass Sie hinter Ihren Aussagen stehen,
- wenn er Sie als engagiert und sympathisch erlebt,
- wenn er das Klima des Gesprächs als positiv empfindet und
- wenn er den Eindruck hat, viele Gemeinsamkeiten mit Ihnen zu haben.

Das Wichtigste auf einen Blick

Für das Überzeugungsvermögen
ist die Überzeugungskraft wichtiger
als die Beherrschung von Überzeugungstechniken.
Dialektiktraining (auch Verkaufstraining) ist also
sehr viel mehr Persönlichkeitsbildung als Drill von Techniken.

Rupert Lay

In diesem vorgeschalteten Kapitel finden Sie eine Kurzfassung der
- Grundlagen erfolgreicher Überzeugungsarbeit,
- Empfehlungen für Anwendungssituationen.

Eine ausführliche Erläuterung der folgenden Praxistipps finden
Sie in den entsprechenden Bausteinen.

Baustein 1

Bereiten Sie sich besser vor als Ihr Gegenüber

Je wichtiger und schwieriger die Situation, desto mehr Zeit sollten
Sie sich für die Vorbereitung Ihrer Überzeugungsarbeit nehmen.
Vorbereitende Überlegungen ermöglichen Ihnen, Ausgangssituation, Kunden und Zielsetzung zu analysieren, Ihre Strategie „kundengerecht" aufzubauen sowie schwierige Einwände und kritische
Fragen zu durchdenken. Überlegen Sie möglichst auch, anhand
welcher Kriterien der Kunde vermutlich entscheiden wird und
wählen Sie vor diesem Hintergrund Argumente (=Beweismittel)
mit der größten Überzeugungswirkung aus.

Ein inhaltliches Konzept verstärkt darüber hinaus Ihre Erfolgszuversicht und Ihre innere Sicherheit vor besonderen Herausfor-
derungen. Wer mit großem Lampenfieber zu kämpfen hat, ist gut
beraten, sich insbesondere Kernargumente und anschauliche Beispiele gut einzuprägen und die Ernstsituation gedanklich oder mit
anderen durchzuspielen.

Ihre Persönlichkeit wirkt stärker als Ihre Argumente

In Gesprächen, Besprechungen und anderen Überzeugungssituationen geben Sie eine Kostprobe Ihrer Persönlichkeit. Persönlichkeit kommt vom Lateinischen „personare", d.h. durchtönen. Beim Sprechen und Argumentieren bringen Sie nicht nur einen sachlichen Inhalt sondern sagen „unterschwellig" auch etwas über Ihre Einstellung zu sich selbst, zum Thema und zum Gesprächspartner aus.

Durch persönliche Wirkfaktoren und durch Ihr Auftreten haben Sie die Chance, Ihre Argumentation zu unterstützen. In empirischen Studien sind immer wieder diejenigen Persönlichkeitsmerkmalen bestätigt worden, die für den Erfolg in Überzeugungssituationen von entscheidender Bedeutung sind. Neben Kleidung und Gesamterscheinung gehören dazu

- das Selbstwertgefühl. – Inwieweit haben Sie Vertrauen in die eigene Fachkompetenz und die eigenen dialektischen Fähigkeiten?
- Optimismus. – Inwieweit sehen Sie in Überzeugungssituationen zunächst die Chancen und dann die Risken? Wie verarbeiten Sie Misserfolge und Rückschläge?
- Kontaktfreudigkeit. – Inwieweit verfügen Sie über die Fähigkeit, mit anderen zu kommunizieren? Empfinden Sie einen Kundenkontakt im Allgemeinen als angenehm und inspirierend oder als eine unangenehme Last und eher demotivierend?
- Einfühlungsvermögen – Inwieweit können Sie sich in die Lage eines anderen Menschen hineinversetzen? Sagt man Ihnen im Alltag nach, dass Sie die Sicht anderer gut verstehen können?
- Glaubwürdigkeit. – Inwieweit wirken Sie in Ihrer täglichen Überzeugungsarbeit glaubwürdig? Haben Sie bisher Freunde oder Kollegen um ein ehrliches und offenes Feedback gebeten?

Baustein 3

Verstärken Sie Ihre Kernargumente durch rhetorische Mittel

Durch Stimme, Sprechweise und begleitende körpersprachliche Signale können Sie Ihre Überzeugungswirkung entscheidend beeinflussen. Die einseitigen, kopflastigen Tätigkeiten am Arbeitsplatz führen in Verbindung mit Termindruck und Ungeduld häufig zu Nachlässigkeiten beim Sprechen oder zu Fahrigkeit in der Körpersprache. Dies bestätigen meine videogestützten Seminare und Coachings immer wieder. Achten Sie darauf,

- einfach, klar und deutlich zu sprechen,
- rasch auf den Punkt zu kommen,
- verständlich zu formulieren,
- Dehnungslaute (Äh-Sagen o.ä.) und abschwächende Stereotype („eigentlich" „vielleicht" u.ä.) zu vermeiden,
- wesentliche Inhalte durch Variation der Lautstärke und Pausentechnik zu verstärken („Für Sie dürfte dieses Software-Element von besonderer Bedeutung sein..." Dann kleine Pause und Argumentation fortsetzen).

Durch körpersprachliche Signale (Gestik, Mimik...) können Sie das Gesagte unterstreichen und zeigen, dass Sie engagiert sind und hinter Ihren Argumenten stehen. Sie kommen am besten rüber, wenn Sie sich treu bleiben und gleichzeitig der Erwartungshaltung Ihres Kunden Rechnung tragen.

Achten Sie während des Sprechens auf die Signale Ihres Gegenüber. Wenn Sie jemanden überzeugen wollen, ist es notwendig, Kontakt zu halten. Vergewissern Sie sich, inwieweit Ihre Argumente angekommen sind. In der Kommunikation sollten Sie stets darauf achten, inwieweit Ihr Kunde mit Akzeptanz und Interesse oder mit Widerspruch und Skepsis reagiert. Informationen hierüber erhalten Sie in Form nichtsprachlicher Signale, wie etwa: Unruhe in der Gestik, plötzlicher Haltungswechsel, fragende Mimik und/oder sprachliche Rückmeldungen.

Baustein 4

Nutzen Sie alle Chancen, die Beziehung zum Kunden positiv zu entwickeln

In jeder Überzeugungssituation sind Sie auch Beziehungsmanager. Es geht darum, den persönlichen Kontakt zum Kunden nicht dem Zufall zu überlassen, sondern ihn aktiv zu gestalten.

Hierbei kommt es darauf an, Gefühle und Erwartungen des Kunden zu berücksichtigen, auf ein gutes Klima hinzuwirken und von A bis Z Wertschätzung zu zeigen. In Baustein 4 erhalten Sie Anregungen, wie Sie durch Ihr rhetorisches Verhalten, Einfühlungsvermögen, persönliche Wirkfaktoren und Smalltalk Ihre Sozialkompetenz fördern können.

Ihr Beziehungsmanagement gibt Ihnen zusätzliche Chancen, sich positiv von Ihren Mitbewerbern abzuheben. Nutzen Sie diese Möglichkeit!

Baustein 5

Nutzen Sie Fünfsätze zur Strukturierung Ihrer Argumentation

In Überzeugungssituationen helfen Ihnen sogenannte Fünfsätze, um einen Standpunkt, eine Idee oder einen Lösungsvorschlag kurz, logisch, gegliedert, einprägsam und zielgerichtet darzulegen. Bewährt hat sich hierbei ein Zeitmaß von 30 bis 40 Sekunden. Fünfsätze bestehen aus einer Einleitung, einem Hauptteil mit drei Gedanken (Botschaften) und einem Schluss. Stellvertretend für verschiedene Strukturpläne hier die Standpunktformel:

Einleitung: Standpunkt nennen
Hauptteil: Drei Argumente mit anschaulichem Beispiel
Schluss: Zwecksatz (Kernbotschaft)

Es gibt eine Reihe psychologischer Empfehlungen, die den Erfolg Ihrer Argumentation befördern:

- Weniger ist mehr. Zu viele Argumente bringen drei Nachteile: Ihr Sympathiewert sinkt, Sie überfordern den Kunden, Sie vergrößern Ihre Angriffsflächen.

- Bringen Sie bei drei Argumenten zuerst das zweitbeste, dann das schwächere und zum Schluss das stärkste Argument.
- Sie verankern Ihre Argumente beim Kunden, indem Sie sie durch Beispiele, Bilder oder persönliche Erfahrungen veranschaulichen und sie an geeigneter Stelle wiederholen.

Baustein 6

Wer fragt, der führt

und „wer viel spricht, erfährt wenig" – so eine russische Weisheit. Sinnvoll eingesetzt, bieten Fragetechniken in Verbindung mit dem aktiven Zuhören eine Reihe von Chancen: Sie erhalten Informationen über Ihren Gesprächspartner, über seine Sicht der Dinge; Sie verstehen besser, was Ihr Gegenüber meint und welchen Standpunkt er hat; Sie erhalten relevante Informationen, z. B. über seinen Bedarf, seine Interessen oder Entscheidungskriterien. Geschickte Fragen helfen darüber hinaus, den Gesprächspartner aus der Reserve zu locken, ihn zu aktivieren und zu motivieren.

Die Möglichkeiten der Fragetechnik können nur in Verbindung mit dem aktiven Zuhören genutzt werden. Ohne diese Basistechniken sind gute Gespräche, Verhandlungen und Diskussionen undenkbar. In meinen Seminaren und Coachings zeigt sich immer wieder, dass es leicht ist, vom guten Zuhören zu reden. Schwieriger ist es, diese Tugend in die Praxis umzusetzen. Dies liegt häufig an einer Ich-bezogenen Grundhaltung, an mangelnder Geduld oder an einem starken Selbstdarstellungsbedürfnis.

Baustein 7

Behandeln Sie Einwände *weich* und *wirksam*

Es gibt keinen Überzeugungsversuch ohne Einwände und kritische Fragen des Kunden. Einwände bieten eine Reihe von Chancen, denn oft steckt in ihnen ein Informationswunsch. Es ist hilfreich, sich auf mögliche sachliche und unsachliche Einwände innerlich vorzubereiten und Gegenstrategien zu durchdenken. Dies gibt Ihnen zusätzlich Sicherheit. Bei unterschiedlichen Auffassungen ist es ratsam, zunächst auf die Gemeinsamkeiten und dann erst auf das Trennende einzugehen.

Partnerschaftliche Einwandtechniken zielen darauf, zunächst konzentriert und wertschätzend zuzuhören, den Einwand zu quittieren und ihn dann überzeugend und wertschätzend zu beantworten. Ihr Kunde sollte in jedem Falle sein Gesicht wahren können.

Bei schwierigen Einwänden kann es sinnvoll sein, etwas Zeit zu gewinnen. Bewährt haben sich hierbei sogenannte Brückensätze. Beispiele: „Das mag auf den ersten Blick so aussehen..." „Ich verstehe sehr gut, wie Sie zu der Einschätzung kommen..."; „Bei jedem Lösungsvorschlag gibt es Pro und Contra..."

Baustein 8

Sie sprechen verständlich, wenn Ihr Kunde Sie versteht

Verständlichkeit ist eine zwingende Voraussetzung für überzeugendes Argumentieren. Wie schwierig es ist, diesen Grundsatz auch anzuwenden, zeigen überladene Computercharts und elektronische Folienschlachten beim Präsentieren sowie Situationen, in denen Ingenieure beispielsweise versuchen, einem kaufmännischen Gremium ein technisches Konzept zu erklären.

Die Kunst besteht in der „Komplexitätsreduktion", das heißt, die Kernaussagen sind gegliedert, einfach, prägnant und (möglichst) interessant darzustellen. Anschauliche und plastische Beispiele und Vergleiche aus der Erfahrungswelt Ihres Kunden sind unverzichtbar, um konkrete Vorstellungen bei ihm zu erzeugen und die Botschaft nachhaltig zu verankern.

Wenn Sie einen Entscheider, der in den Details nicht zu Hause ist, für ein Konzept gewinnen wollen, ist es erfolgversprechend, die Nutzenargumente mit Beispielen in den Vordergrund zu stellen und lediglich die Grundlinien der neuen Konzeption oder Problemlösung darzustellen. Details sind in der Tischvorlage besser aufgehoben. So sind Sie bei Bedarf auskunftsbereit und müssen nicht befürchten, aus der Sicht der Zuhörer an Kompetenz einzubüßen.

Baustein 9:

Stoppen Sie unfaire Spielarten und stellen Sie erneut die Sache ins Zentrum

Unfaire Tricks und Winkelzüge stehen häufig einer sachbezogenen und gewinnbringenden Diskussion im Wege. Das Gemeinsame boshafter Techniken: Ihrem Gegenüber geht es primär nicht um die Sache und das bessere Argument, sondern darum, vom Thema abzulenken, abzublocken oder Sie zu emotionalisieren. Was tun, wenn Sie mit persönlichen Angriffen, Ironie oder anderen unfairen Spielarten zu tun haben? Allgemeine Tipps:

- Auf Reizthemen nicht zu schnell anspringen,
- ggf. Brückensätze nutzen, um Zeit zu gewinnen,
- ruhig und gelassen bleiben,
- durch Fragen zum Thema zurückführen,
- ans gemeinsame Ziel erinnern.

Im Kern geht es darum, dass sich die Beteiligten auf ein Regelwerk einigen, das ein produktives, sachliches und faires Miteinander sicherstellt.

Baustein 10

Überzeugen Sie durch Persönlichkeit, „hirngerechte" Medien und einen lebendigen, kundengerechten Vortrag

Die faszinierenden Möglichkeiten von Multimedia verführen oft dazu, den Computer unüberlegt einzusetzen. Negative Konsequenzen sind häufig die Folge: Der Mensch wird durch zu viel Technik in den Hintergrund gedrängt und die Zuhörer bleiben passiv. Der Frontalvortrag erschwert es, eine persönliche Beziehung zum Kunden aufzubauen. Nachteilig wirken zudem zu lange

PC-Präsentationen, übertriebene Animationen und Effekthascherei sowie elektronische Folienschlachten und Unsicherheiten beim Einsatz neuer Medien.

Der Schlüssel zum Erfolg liegt in einer durchgängigen Kunden- und Qualitätsorientierung. Das bedeutet konkret: Orientieren Sie Ihr Präsentationskonzept an den Erwartungen und am Vorwissen des Kundenkreises. Machen Sie klar, was Ihre Kernbotschaften sind und in welchen Punkten Sie besondere Vorteile und Alleinstellungsmerkmale bieten. Achten Sie bei der Entwicklung Ihrer Charts auf aussagefähige Überschriften und einen ansprechenden „hirngerechten" Aufbau. Die Kerninformation muss auf einen Blick erkennbar sein, die Textinformation muss für jeden lesbar sein. Die inhaltliche Botschaft darf nicht übertönt werden durch zu viele Effekte und Farben.

Wegen der Dominanz digitaler Medien sollten Sie als Beziehungsmanager vor allem darauf achten,

- die Einleitung in der Nähe der Teilnehmer zu sprechen,
- Ihre Computerpräsentation von Zeit zu Zeit zu unterbrechen, um am Flip-Chart bestimmte Zusammenhänge zu erläutern oder eine Anekdote einzufügen,
- bei Einwänden oder Fragen aus dem Publikum auf den betreffenden Teilnehmer zuzugehen,
- den Zuhörern mindestens so viel Blickkontakt zu schenken wie Leinwand und Computer.

Baustein 11

Festgefahrene und schwierige Verhandlungssituationen bewältigen mit dem Harvard-Konzept

Das Harvard-Konzept umfasst Methoden und Strategien, um bei Verhandlungen zu tragfähigen und für beide Seiten vorteilhaften Lösungen zu kommen. Angestrebt wird ein Sieg-Sieg-Modell. Das heißt: Beide Seiten sollen mit Verlauf und Ergebnis der Verhandlung zufrieden sein. Das Konzept sachgerechten Verhandelns beruht im Wesentlichen auf vier Prinzipien:

- Behandeln Sie Menschen und Probleme getrennt voneinander.
- Konzentrieren Sie sich auf (bewegliche) Interessen, nicht auf (starre) Positionen.
- Entwickeln Sie verschiedene Wahlmöglichkeiten.
- Orientieren Sie sich bei der Ergebnisfindung und Diskussion an objektiven Kriterien.

Das Harvard-Konzept bietet wertvolle Anregungen, um mit Emotionen und Reizthemen besser zurechtzukommen, aus festgefahrenen Situationen herauszufinden und Konflikte kooperativ zu lösen.

Baustein 12

Übergreifendes Ziel bei Besprechungen: Effizienz in der Sache und Motivation der Teilnehmer

Besprechungen und Konferenzen sind häufig unproduktiv und demotivierend, weil wirkungsvolle Moderations- und Lenkungstechniken fehlen. Der Besprechungsleiter muss die Fähigkeit mitbringen, auch in strittigen Diskussionen die Übersicht zu behalten, Konflikte zu neutralisieren und jedem Teilnehmer die Möglichkeit zu geben, seine Erfahrungen und Argumente einzubringen. Auf der Sachebene sollte der Moderator in der Lage sein, den Einstieg zu optimieren, dafür Sorge zu tragen, dass jeder das jeweilige Problem verstanden hat, den Problemlösungsprozess bei jedem Tagesordnungspunkt zielwirksam und strukturiert zu lenken sowie bei Bedarf unterstützende Methoden und Medien einzusetzen. Dazu gehört auch, die Form der Protokollierung zu klären.

Die Techniken auf der Beziehungsebene haben einen anderen Fokus: Sie sollen ein kooperatives Klima fördern und den emotionalen Bedürfnissen der Teilnehmer Rechnung tragen. Hierzu ist es unverzichtbar, jeden Teilnehmer wertschätzend einzubinden, auf das Regelwerk des Fairplay zu achten und gleiche Beteiligungsmöglichkeiten zu sichern.

Baustein 13

Für berufliche Gespräche gilt: Effizienz in der Sache und Motivation des Gesprächspartners sicherstellen

In jedem Gespräch kommt es darauf an, mit meinem Gesprächspartner auf eine Wellenlänge kommen, ihn für das Thema zu öffnen und gemeinsam gute Ergebnisse zu erarbeiten. Hierbei helfen Ihnen – ähnlich wie bei Besprechungen – Lenkungstechniken:

- Beziehung aufbauen – Klima schaffen
- Zielgerichtet lenken
- Gespräch strukturieren (z. B. mit Hilfe von Phasenkonzepten)
- Partner beteiligen – Gleichgewicht im Gespräch sichern!
- Durchgängig Wertschätzung zeigen

Baustein 14

Oberstes Gebot bei Auftritten in Funk- und Fernsehen: Einfache Botschaften senden – gelassen und sympathisch wirken

Sie fördern Ihre Überzeugungswirkung, wenn Sie auf emotionale Glaubwürdigkeit und Echtheit setzen. Kommen Sie bei Ihren Beiträgen rasch auf den Punkt. Setzen Sie Ihre Kernaussagen an den Anfang. Anschauliche Beispiele und Bilder fördern zusammen mit einer geläufigen Sprache die Verständlichkeit. In Funk und Fernsehen gilt das Gebot: „Was nicht sofort verstanden wird, wird nie verstanden."

Der Alltag bietet vielfältige Trainingsmöglichkeiten, um in 30 Sekunden eine Botschaft einfach, kurz und prägnant zu vermitteln, beispielsweise am Telefon, in Besprechungen oder in Gesprächen.

Beiträge oder Interviews in Funk- und Fernsehen sind häufig mit großer psychischer Anspannung und Redehemmungen verbunden. Sie können an Sicherheit gewinnen, wenn Sie

- sich Ihre Kernbotschaften gut einprägen (als Haltepunkte, falls Sie „ins Schwimmen" geraten),
- Sprechproben mit Tonband oder Videokamera machen und Feedback von anderen erbitten,
- für Interviews das Frage-Antwort-Spiel mit anderen üben,
- kurz vorher Spannung aufbauen und sich beim Blick in die Kamera vorstellen, zu einem Freund zu sprechen, der hinter der Kamera steht oder dem Sie im Radio Ihre Botschaft vermitteln.

Baustein 15:

In Diskussionsrunden und Debatten mitmischen – agieren statt reagieren

Als Teilnehmer einer Podiumsdiskussion oder einer Debatte geht es darum, Sympathiepunkte zu gewinnen, die eigenen Argumente möglichst überzeugend darzulegen, den Gegner hart, aber fair zurückzuweisen und gegebenenfalls Koalitionen aufzubauen. Versuchen Sie, sicher, kompetent, sympathisch, fair und glaubwürdig zu wirken. Um Ihre Interessen und Ziele überzeugend zu vertreten, sollten Sie mindestens auf diese Punkte achten:

- Beteiligen Sie sich früh!
- Mindestziel: Die eigenen Kernargumente „rüberbringen".
- Bringen Sie kurze, verständliche und anschauliche Beiträge.
- Bemühen Sie sich offensiv um das Wort, indem Sie zum Beispiel bei Schlüsselworten einhaken.
- Springen Sie nicht blind auf Reizthemen an.
- Stellen Sie Fragen, um Thesen und Beweismittel Ihrer Mitstreiter zu überprüfen.

Diskussionsrunden auch im privaten Kreis sind die besten Gelegenheiten, dialektische Techniken anzuwenden, sich in Rede und Gegenrede zu erproben und dadurch auch die eigene Sicherheit und Schlagfertigkeit schrittweise zu verbessern. Der Altbundeskanzler Helmut Schmidt gab auf die Frage, worauf er seine rhetorische Kompetenz zurückführe, die Antwort: „Es war das Stahlbad der Praxis!"

Baustein 1

Baustein 1
Zielwirksame Vorbereitung

● ● ● ● ● ● ● ● ● ● ● ● ● ● ● ● ● ● ●

Suche redlich die Wahrheit im Stillen,
bevor Du den Marktplatz betrittst und redest.
Du weißt, dass Du kein Wort zurückholst?
Chin. Weisheit

Der Inhalt in der Übersicht

● Praxistipps für die Vorbereitung
  – Ziele bestimmen
  – Kunden- und Situation analysieren
  – Spektrum-Analyse
  – Argumente sammeln
  – Argumente gewichten und gestalten
  – Einwände sammeln – Reaktionen durchdenken
  – Vorgehensweise konkret planen
● Exkurs: Wie kommen Sie an Ideen und Argumente?

Dialektisches Können und Überzeugungstechniken allein reichen nicht aus, um zu überzeugen. Hinzu kommen muss die gewissenhafte Vorbereitung auf das Thema. Ihre sorgfältigen Vorüberlegungen erleichtern es Ihnen, das eigene Urteil gut zu begründen und Gegenargumente und Einwände rasch einordnen und wirksam zu beantworten. Sicherheit in der Sache schafft zudem mehr Spielraum für schlagfertige Antworten und mehr innere Sicherheit in schwierigen Situationen.

Hinweis

Um nicht für jede Überzeugungssituation deren Vorbereitung beschreiben zu müssen, sind in diesem Baustein die Gemeinsamkeiten des Vorbereitens auf Überzeugungssituationen dargestellt. Im zweiten Teil werden lediglich die

Besonderheiten beim Vorbereiten der jeweiligen Anwendungssituation (Gespräche, Besprechungen usw.) beschrieben, wodurch Doppelungen vermieden werden.

Im Folgenden erhalten Sie detaillierte Orientierungshilfen auf die Frage, wie Sie sich auf das betreffende Thema zielwirksam vorbereiten können. Hierbei steht der rationale Aspekt der Argumentation, die Sach-Ebene, im Vordergrund. Was im zwischenmenschlichen Bereich zu bedenken ist, finden Sie im vierten Baustein: Beziehungen gestalten.

Bevor die Kriterien im Einzelnen dargestellt werden, bitten wir Sie, anhand von drei Situationen kurz Ihre Gewohnheiten zu überdenken. Welche Vorüberlegungen stellen Sie an, um gut präpariert

– in ein Mitarbeitergespräch,
– in eine Verhandlung beim Kunden,
– in eine Besprechung zu gehen?

Gibt es dabei ein bestimmtes Ritual oder bestimmte Denkschritte, die sich Ihrer Einschätzung nach bewährt haben?

Praxishilfen für die Vorbereitung

Bei der Vorbereitung geht es darum, zu einer „maßgeschneiderten" Überzeugungsstrategie für die betreffende Anwendungssituation zu kommen. Bewährt hat sich ein mehrstufiges Vorgehen, wie es in der Übersicht dargestellt ist:

Phasen der Vorbereitung

- Ziele bestimmen
- Kunden und Situation analysieren
- Spektrumanalyse
- Argumente sammeln
- Argumente gewichten und gestalten
- Einwände sammeln/Reaktionen durchdenken
- Vorgehensweise konkret planen

Ziele bestimmen

Hierbei legen Sie fest, was Sie bei Ihrem Kunden erreichen wollen. Wir unterscheiden hierbei Sach- und Beziehungsziele.

Beispiele für Sachziele:

- Problembewusstsein schaffen,
- Kernargumente darstellen,
- Entscheidungen herbeiführen,
- Akzeptanz schaffen,
- Meinungsbild in Erfahrung bringen,
- Überzeugen,
- Entscheidung bewirken.

Da es in allen Überzeugungssituationen zahlreiche Unwägbarkeiten gibt, ist es ratsam, in derartigen Situationen ein Minimalziel (Was will ich mindestens erreichen?) und ein Maximalziel (Was will ich maximal erreichen?) zu definieren.

Neben diesen sachlichen Zielen geht es vor allem um die Frage, wie Sie Ihre Argumente, Ihr Produkt und Ihr Unternehmen durch Ihr Auftreten, Ihr Kommunikationsverhalten und durch Ihre Darstellung aufwerten können. In diesem Zusammenhang spielt das Beziehungsmanagement eine große Rolle: Aufbau und Entwicklung einer persönlichen, vertrauensvollen Beziehung zum Kunden werden umso wichtiger, je geringer die Unterschiede des diskutierten Produkts im Vergleich zum Wettbewerb sind.

Beispiele für Beziehungsziele:

- Sympathiewert fördern,
- Glaubwürdigkeit und Vertrauen aufbauen,
- Dialogfähigkeit zeigen,
- Beziehung zu Schlüsselpersonen entwickeln,
- Image steigern.

Kunden und Situation analysieren

Wer überzeugend argumentieren will, muss die gesamte Strategie an der „Welt" des Kunden ausrichten. Es geht darum, den Kunden „dort abzuholen, wo er steht": bei seinen Erwartungen und Wünschen, bei seiner fachlichen Spezialisierung, wie auch bei seinen Einstellungen, Interessen und Entscheidungskriterien.

Es reicht nicht aus, wenn die Argumentation Ihren eigenen Maßstäben genügt. Wichtiger ist, dass sie dem Kunden überzeugend erscheint.

Der Köder muss dem Fisch schmecken. Ich fuhr oft im Sommer nach Maine zum Fischen. Ich selbst esse für mein Leben gern Erdbeeren mit Sahne, aber ich habe herausgefunden, dass die Fische aus irgendeinem mir unbekannten Grund Würmern den Vorzug geben. Wenn ich nun also fischen ging, dachte ich nicht daran, was mir schmeckt, sondern daran, was die Fische mochten, und steckte nicht Erdbeeren mit Sahne an den Angelhaken, sondern köderte sie mit einem Wurm oder einer Heuschrecke. Deshalb gibt es auf der ganzen Welt nur eine einzige Methode, um andere Menschen zu beeinflussen: mit ihnen über das zu sprechen, was sie haben möchten, und ihnen zeigen, wie sie es bekommen können.
Quelle: Dale Carnegie

Die folgenden Fragen erleichtert Ihnen die Kunden- und Situationsanalyse. Der Katalog ist bewusst umfangreich und differenziert gehalten, damit er den vielfältigen unterschiedlichen Überzeugungssituationen gerecht wird.

Hinweis

Nutzen Sie für die Vorbereitung auf Diskussionsrunden und TV-Interviews die reduzierten Fragenkataloge, wie sie in den Bausteinen 14 und 15 beschrieben sind.

Fragenkatalog zur Kundenanalyse

Wie setzt sich der Kundenkreis zusammen?

- Wer nimmt teil (Namen; Hierarchie; Ressorts; Kompetenzen)?
- Wie viele Personen nehmen teil?
- Wer sind Schlüsselpersonen, informelle Führer, Entscheider?
- Wer hat welche fachliche Spezialisierung?

Welche Erwartungen haben die Kunden, wie stehen wir zum Wettbewerb?

- Welche Produkte/Problemlösungen hat der Kunde bereits?
- Welche Probleme und Schwierigkeiten sind bekannt?
- Wo liegt (vermutlich) der Bedarf beim Kunden?
- Was sind die Entscheidungskriterien des Kunden?
- Welchen Nutzen erwarten meine Kunden?
- Welche technischen Produktmerkmale sind wichtig?
- Welche Stärken/Schwächen haben unsere Mitbewerber?
- Wo sind wir besser als Mitbewerber?

Welche Vorkenntnisse und Einstellungen haben die Kunden?

- Wie stehen die Kunden zu unserem Unternehmen?
- Wie stehen die Kunden zum Angebot?
- Wie stehen die Kunden zum Wettbewerb?
- Welche Vorkenntnisse kann ich bei wem voraussetzen?
- Welche Fachbegriffe/schwierigen Zusammenhänge muss ich erklären?
- Mit welchen Einwänden und mit welcher Kritik muss ich rechnen?
- Welche Interessenskonflikte gibt es (vermutlich) zwischen den Verhandlungspartnern?

Wie stehen die Kunden zu mir?

- Wie werden mich die Kunden wahrnehmen (Fachmann; Berater ...)?
- Welche Gemeinsamkeiten habe ich mit den Kunden?
- Welche beruflichen und persönlichen Kontakte kann ich nutzen?
- Wem muss ich besondere Aufmerksamkeit schenken?

Falls Sie keine Gelegenheit haben, detaillierte Vorinformationen über den Kunden zu sammeln – etwa bei der Neuakquisition – sollten Sie mindestens den allgemeinen Erwartungen Ihres Kunden Rechnung tragen.

Welche allgemeinen Erwartungen haben Kunden?

Jeder Kunde bringt neben speziellen (eher rationalen) Erwartungen auch allgemeine Wünsche und Erwartungen mit. Kommunikationsforscher sagen uns heute, dass Entscheidungen bis zu 80 Prozent aus emotionalen Gründen getroffen werden: es geht also darum, in welchem Maße Sie seinen emotionalen Bedürfnissen Rechnung tragen und die Beziehung zu ihm aktiv gestalten:

- Ihr Kunde möchte Anerkennung und Wertschätzung erfahren.
- Ihr Kunde möchte Sicherheit.
- Er möchte sich bei Ihnen in guten Händen fühlen.
- Ihr Kunde erwartet, dass Sie selbst hinter Ihrem Produkt und Ihrem Unternehmen stehen.
- Ihr Kunde erwartet, dass Sie Zusagen einhalten.

Weitere allgemeine Erwartungen finden Sie in Baustein 4 auf Seite 87.

Spektrum-Analyse

Um keine wichtigen Gesichtspunkte zu übersehen, sollte das angesprochene Thema vor der eigentlichen Stoffsammlung nach Sachbereichen (Aspekten) aufgeschlüsselt werden, also etwa nach wirtschaftlichen, technologischen, juristischen oder anderen Kriterien. ETHOS, ein hilfreiches Instrument zur umfassenden Spektrumanalyse, hilft Ihnen dabei. Die fünf Dimensionen von ETHOS verdeutlichen, dass jedes Thema prinzipiell aus verschiedenen Blickwinkeln gesehen werden kann. Diese Arbeitshilfe erleichtert es Ihnen,

- die wesentlichen Aspekte des diskutierten Themas sichtbar zu machen,

- die relevanten Informationen (Fakten, Daten, Argumente, anschauliche Beispiele, Alleinstellungsmerkmale usw.) zu sammeln und zu gliedern,
- die aus der Sicht des Kunden relevanten Inhalte auszuwählen.

Spektrum-Analyse

E	=	Economic
T	=	Technical
H	=	Human
O	=	Organizational
S	=	Social

Erläuterung:

Economic: steht für die Sicht des Kaufmanns. Hier geht es um Bewertungsmaßstäbe wie Umsatz, Kosten, Gewinn, Deckungsbeiträge, Wirtschaftlichkeit bis hin zu den „weichen" Themen wie Marktchancen, Unternehmensstrategie, Marketing, Motivation und Führung.

Technical: repräsentiert die Perspektive des Ingenieurs und Technikers. Schaut man durch die Brille dieser Personengruppe, so stehen ingenieurwissenschaftliche Beurteilungskriterien im Vordergrund. Dazu gehören beispielsweise technische Machbarkeit, „Stand der Technik", verfahrens- oder elektrotechnische Fragen.

Human: symbolisiert die Sicht des Menschen. Diese Dimension umfasst vor allem die Perspektive der Käufer eines Produktes und der Betroffenen dieser Problemlösung oder Technologie.

Organizational: kennzeichnet die organisatorischen Aspekte der Thematik. Dazu gehört beispielsweise die Frage, was die operativen Schritte bei der Realisation der Problemlösung sind und wie mögliche Schwierigkeiten bewältigt werden können.

Social: steht für Umfeldaspekte des Themas und ökologische Bewertungsmaßstäbe des betreffenden Produkts. Zu dieser Dimension gehören auch die politischen, juristischen und sonstigen Rahmenbedingungen.

Argumente sammeln

Lassen Sie sich bei der Suche nach Argumenten (= Beweismitteln) von ETHOS inspirieren. Wichtig ist, dass Ihre Argumente aus der Sicht Ihres Kunden tragfähig sind und vermutlich eine hohe Akzeptanz haben.

Ihre Beweismittel können Sie in den folgenden Bereichen finden:

Unternehmerische Praxis

- bestimmte Produktmerkmale,
- Referenzobjekte, Erfahrungen und Kern-Kompetenzen,
- interne Forschungsergebnisse,
- betriebliche/technische/ökologische Erfordernisse.

Wissenschaft

- Fakten,Untersuchungen, Statistiken,
- Aussagen von Experten/Wissenschaftlern,
- neue Erkenntnisse auf Fachtagungen und Kongressen.

Presse, Publikationen, TV-Sendungen

- Fachzeitschriften, Zeitungen,
- Fachliteratur u. a. Publikationen,
- Fernsehbeiträge.

Normen und gesellschaftliche Trends

- Normen aus Recht, Ethik und Moral,
- Trends auf Messen/in der Weiterbildung,
- Wertewandel und Veränderungen von Bedürfnissen,
- Trends, die am Markt erkennbar sind.

Für die Überzeugungsarbeit beim Kunden haben **Nutzenargumente** einen besonders hohen Stellenwert. Die folgenden Fragen erleichtern Ihnen deren Sammlung:

- Welchen Nutzen bieten wir für die Wünsche und Probleme des Kunden?

- Welchen Zusatznutzen (Service; Hot-line; Vertriebsnetz ...) bietet unser Unternehmen?
- Was ist unser USP? Das heisst: Wo sind wir einzigartig und unverwechselbar im Vergleich zum Wettbewerb?
- Wie lässt sich die Nutzenargumentation untermauern durch anschauliche Beispiele, erfolgreiche Referenzprojekte, Zahlen über die Akzeptanz am Markt usw.?

Was heißt USP? Die „Unique Selling Proposition" umfasst die Alleinstellungsmerkmale Ihres Unternehmens. Was können Sie besser als Ihr Wettbewerb? Bei welchen Produktmerkmalen oder bei welchen Kernkompetenzen sind Sie überlegen? Was ist das Besondere, was das Neue des präsentierten Angebots?

Falls Sie vor internen Gremien Konzepte oder Lösungsvorschläge argumentieren, lautet die Frage: In welcher Hinsicht ist Ihr Vorschlag besser als konkurrierende Ansätze? Den Gedanken des USP können Sie auch auf Ihre eigenen Fähigkeiten und Persönlichkeitsmerkmale beziehen: Was können Sie besser als andere? Was sind die besonderen Vorzüge Ihrer Überzeugungsfähigkeit?

Argumente durch anschauliche Beispiele verankern

Bilder haben eine größere Eindringtiefe im menschlichen Gehirn als abstrakte Worte. Hinzu kommt, dass anschaulich Formuliertes viel rascher aufgenommen werden kann als gedruckter Text. Suchen Sie daher nach anschaulichen Formulierungen sowie nach Beispielen und Vergleichen, um Ihre Argumente nachhaltiger in den Köpfen Ihrer Kunden zu verankern. Die Psychologie spricht in diesem Zusammenhang von der „Ankerfunktion" anschaulicher Beispiele. Entnehmen Sie die Bilder und Beispiele unbedingt der Erlebnis- und Erfahrungswelt der Kunden.

Argumente gewichten und gestalten

Wenn die relevanten Inhalte gesammelt sind, dann ist zu überlegen, welche Informationen vermutlich die größte Überzeugungskraft beim Kunden haben. Darüber hinaus ist es in der Regel notwendig, Menge und Niveau der Inhalte auf das Maß zu reduzieren, das die Kunden in der begrenzten Zeit verarbeiten können. Mindestens sollten Sie diejenigen Inhalte aussondern, die Ihren Kundenkreis (wahrscheinlich) überfordern.

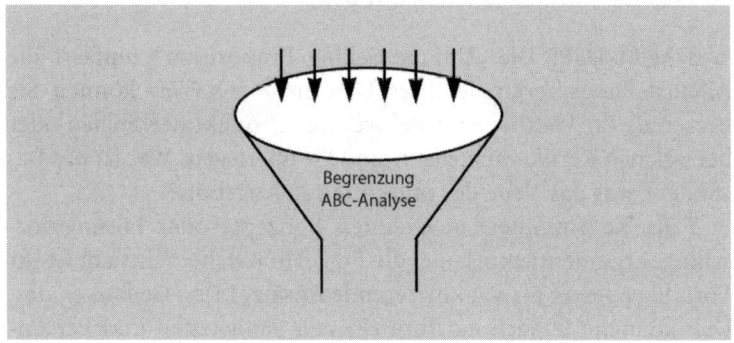

Eine A,B,C-Analyse erleichtert es Ihnen, die richtigen Prioritäten zu setzen. Notieren Sie auf Ihren Kärtchen die Buchstaben A, B oder C.

Dabei bedeuten:

A = Muss-Inhalte

Dies sind Kerninformationen, die in jedem Falle dargestellt werden **müssen**. Hierzu gehören z.B. Nutzenargumente, Referenzobjekte oder technische Produktmerkmale, die vermutlich für den Kunden eine hohe Überzeugungskraft haben.

Zwei Kontrollfragen helfen Ihnen, die Kerninformationen herauszufinden: (1) Wie würde ich die Quintessenz meiner Argumentation in einer Minute zusammenfassen? (2) Welche drei bis vier Argumente sollen im Langzeitgedächtnis des Kunden bleiben?

B = Soll-Inhalte

Diese Randinformationen **sollen** gebracht werden. Sie haben die Funktion, die Schlüsselargumente motivierender, verständlicher, einprägsamer und überzeugender darzustellen. Dies geschieht etwa durch praktische Beispiele, Vergleiche und Fälle, durch Wiederholungen oder mit Hilfe der Medien.

C = Kann-Inhalte

Zu dieser Kategorie gehören Hintergrundinformationen („nice to know it"), die – falls Zeit bleibt – dargestellt werden **können**. Beispiele für diese Kategorie sind detaillierte Informationen zur Geschichte und zum Leistungsangebot des eigenen Unternehmens; eingehende Informationen zur Vorgeschichte eines Projekts; technische Detailinformationen, die für die Zuhörer mit kaufmännischem Hintergrund nicht verständlich sind; Stimulanzien und auflockernde Elemente, die der Dramaturgie dienen; Sinnsprüche; Anekdoten; persönliche Erfahrungen.

Die Unterteilung nach Kern-, Rand- und Hintergrundinformationen erleichtert Ihnen die Vorbereitung unter Zeitdruck und gibt Ihnen in der Überzeugungssituation mehr Flexibilität, denn Sie wissen jederzeit, welches Ihre Muss-Informationen sind.

> **Praxistipp.** In welche Überzeugungssituation Sie auch kommen: In jedem Falle ist es ratsam, die drei wichtigsten Argumente als Haltepunkte im Kopf zu haben. Falls Sie unter Stress geraten, haben Sie so Ihre drei Kernargumente als Rettungsinseln verfügbar, einschließlich der anschaulichen Beispiele aus der Praxis.

Einwände sammeln – Reaktionen durchdenken

Es fällt leichter, Einwände und kritische Fragen zu behandeln, wenn man sich darauf eingestellt hat. Tragen Sie daher mögliche Gegenargumente Ihres Kunden zusammen. Häufig ist es sinnvoll, auch mögliche unfaire Einwände und Angriffe Ihres Kunden zu notie-

ren. Überlegen Sie sodann in einem zweiten Schritt Gegenargumente und Strategien zu deren Behandlung. Mit folgendem
einfachen Schema können Sie diese Überlegungen strukturieren:

Pro-Argumente	Gewicht*	Contra-Argumente	Gewicht*
1		1	
2		2	
3		3	
usw.			
* A = Muss-Argumente	B = Soll-Argumente	C = Kann-Argumente	

Vorgehensweise konkret planen

In diesem abschließenden Schritt geht es darum, die gesammel-
ten Argumente in eine Strategie umzusetzen: Welche Vorgehensweise verspricht im Hinblick auf die anfangs definierte Zielsetzung und die aktuelle Überzeugungssituation den größten Erfolg? In den Bausteinen 10 bis 15 erfahren Sie, wie Sie dabei vorgehen können.

Schlusskontrolle

Zum Abschluss der sachlichen Vorbereitung sollten Sie anhand
dieser Fragen prüfen, ob Sie alle Möglichkeiten zur Optimierung
genutzt haben:

- Inwieweit trägt die Argumentation dazu bei, die definierten
  Ziele zu erreichen?
- Inwieweit knüpft die Argumentation an die Ergebnisse der
  Kundenanalyse an?
- Inwieweit sind die Schlüsselbegriffe definiert?
- Inwieweit sind die Beweismittel überzeugend ausgestaltet und
  mit anschaulichen Beispielen versehen?

- Inwieweit sind die Nutzenargumente und die USPs klar herausgestellt?
- Inwieweit ist die Argumentation für die „Welt" des Kunden verständlich?
- Inwieweit ist das eigene Unternehmen/der eigene Geschäftsbereich/die eigene Abteilung imagefördernd dargestellt?

Exkurs: Wie kommen Sie an Ideen und Argumente?

Nutzen Sie alle verfügbaren unternehmensinternen und -externen Informationsquellen, wozu auch Seminarunterlagen, Kommissionsberichte, Vorträge, Checklisten, Forschungsergebnisse des eigenen Hauses, Informationsbriefe, (aktuelle und archivierte) Zeitungen und Zeitschriften gehören.

Prüfen Sie, ob sich Teile der Lese- und Sucharbeit delegieren lassen und ob alle Möglichkeiten – auch informationstechnische, z. B. Zugriff auf externe Datenbanken per Internet – ausgeschöpft sind, um an relevante Sachinformationen und an „Spitzenwissen" zum Thema zu kommen.

Spielen Sie den „Advocatus Diaboli", d.h., beziehen Sie zunächst (auch gegen Ihre Meinung) eine Kontraposition und versuchen Sie diese mit allen Mitteln der Dialektik zu vertreten. Dies schafft Anreize, die eigenen Thesen überzeugender zu begründen. Zudem erleichtert diese Übung (die man auch im Rollenspiel durchführen kann) die innere Einstellung auf die Gegenargumente in der Realsituation. Nutzen Sie den einfallbegünstigenden Effekt des Denk-Sprechens. In dem Aufsatz „Über die allmähliche Verfertigung der Gedanken beim Reden" von Heinrich von Kleist kann man bereits nachlesen, dass

- uns bestimmte Sachzusammenhänge klarer werden, wenn wir allein oder mit anderen (auch Nicht-Fachleuten) darüber sprechen. Das Sprechen zwingt uns, die Gedanken deutlich und verständlich zu formulieren.
- uns neue Gedanken häufig erst beim Sprechen kommen. Denk-Sprech-Vorgänge regen offenbar die eigene Kreativität an.

Das persönliche Gespräch mit Fachleuten ist wichtig, um spezielle Informationen zu erfragen und schwierige Sachzusammenhänge besser verstehen zu lernen. Unverzichtbar ist dieser Dialog vor allem dann, wenn es um Fragen geht, die jenseits der eigenen fachlichen Spezialisierung liegen. Um hier zu einem wohlbegründeten Urteil zu kommen, sind wir – im Sinne eines „second best concept" – darauf angewiesen, die Meinung vertrauenswürdiger Gewährsleute einzuholen und sie zu übernehmen.

Oswald von Nell-Breuning schrieb zu dieser Frage:
> „In tausend Dingen des Alltags verlassen wir uns ständig auf die Meinung anderer; auch der Höchstgestellte und Letztentscheidende in den großen Fragen des öffentlichen Lebens und der Geschichte, kann gar nicht anders verfahren, kann nur sorgsamer sein in der Auswahl der Gewährsleute, denen er sein Vertrauen schenkt."

Nutzen Sie die Vorteile des Brainstorming und vergleichbarer Kreativitätstechniken, um mit Unterstützung eines Teams,

- Argumente/Gegenargumente zu sammeln,
- anschaulich-plastische Beispiele zur Veranschaulichung abstrakter Thesen und Argumente zu gewinnen und/oder
- zusätzliche Anregungen für die Argumentationsstrategie zu erhalten.

Bemühen Sie sich, täglich am Problem zu arbeiten und neue Ideen zur Argumentation sofort aufzuschreiben, im Notebook zu speichern oder auf Taschendiktiergerät („pocket memory") zu sprechen. Denken Sie daran: Spontane Einfälle werden schnell vergessen, wenn wir Ihnen keine Beachtung schenken.

Kärtchen-Methode

Um Ihr Gedächtnis zu entlasten, können Sie Leitkarten im DIN-A6-Format anlegen (oder ein entsprechendes elektronisches Archiv), auf denen Sie die Leitgedanken oder Leitfragen eintragen (jeweils ein Stichwort pro Leitkarte).

Wenn Sie in der Phase der Stoffsammlung auf verwertbare Thesen, Argumente, Zitate, Beispiele oder Einwände stoßen, legen Sie hierfür eine Karte an. Die Karten ordnen Sie den jeweiligen Leitkarten zu. Eine derartige Ideen- oder Argumente-Datei in Form

eines kleinen Handarchivs tut gute Dienste sowohl bei der kurz-
fristigen Vorbereitung von Diskussionen als auch bei der Spei-
cherung von Argumenten und Beispielen, die für Sie einen langfristigen Nutzwert haben.

Baustein 2

Baustein 2
Persönlichkeit und Selbstdarstellung

● ●

Persönlichkeiten werden nicht
durch schöne Reden geformt,
sondern durch Arbeit und eigene Leistung.
Albert Einstein

Der Inhalt in der Übersicht

- Gesamterscheinung
- Selbstwertgefühl
- Optimismus
- Kontaktfreudigkeit
- Einfühlungsvermögen (Empathie)
- Glaubwürdigkeit

Wer argumentiert, wirkt auch als Persönlichkeit. Ob Sie an einer Diskussion teilnehmen oder ein Gespräch führen, immer geben Sie eine „Kostprobe" Ihrer Persönlichkeit. Persönlichkeit kommt vom lateinischen „personare" = durchtönen. Beim Sprechen vermitteln Sie nicht nur Inhalte, sondern Sie senden auch Botschaften über Ihre Einstellung zu sich selbst und zu anderen.

Untersuchungen der Sozialpsychologie bestätigen unsere Alltagserfahrung, dass die emotionale Komponente, die sich im Auftreten und in der Körpersprache samt der Rhetorik ausdrückt, Ihre Überzeugungswirkung auf den Kunden stärker beeinflussen als fachliche Kompetenz. Und dies offenbar umso mehr, je geringer das Verständnis für die Sachzusammenhänge beim Gesprächspartner ist. Dies macht ja auch Sinn. Denn wenn wir die Richtigkeit einer Argumentation nicht überprüfen können, werden wir uns im Zweifel fragen, ob uns der Mensch, der die Worte sagt, glaubwürdig und seriös erscheint.

Dieser Baustein gibt Ihnen Gelegenheit, die persönlichkeitsbezogenen Faktoren zu durchdenken, die für den Erfolg in Überzeugungssituationen bedeutsam sind. Wie die Abbildung zeigt, gehören dazu vor allem: Gesamterscheinung, Selbstwertgefühl, Optimismus, Kontaktfreudigkeit, Einfühlungsvermögen und Glaubwürdigkeit (vgl. auch Homburg/Stock 2000).

Gesamterscheinung

Alles, was der Kunde an einem Menschen wahrnimmt, hat für ihn eine Signalfunktion. Er schließt über Ihre Kleidung, Körpersprache und die ersten Worte unterschwellig auf Seriosität, Sympathie und Kompetenz. Das äußere Erscheinungsbild muss daher stimmen. Kleiden Sie sich seriös, dezent und gepflegt. Im Zweifel gilt auch hier: Bleiben Sie sich treu *und* tragen Sie den Gewohnheiten und der Erwartungshaltung Ihrer Zuhörer Rechnung.

Vermeiden Sie alles, was den Kunden irritieren oder gar abstoßen könnte:

- ein ungepflegtes Äußeres,
- eine zu saloppe oder zu förmliche Kleidung,

- modische Brüche in der Kleidung,
- Körper- und Mundgeruch.

Vermeiden Sie alle Extreme. Stark von der Norm abweichende Reize haben häufig einen „*Vampireffekt*" bezüglich der Aufmerksamkeit Ihres Gegenüber. So kann etwa ein verbissenes Gesicht, zu viel Gestik oder eine ungeordnete Kleidung Augen und Gehirn Ihrer Zuhörer mehr beschäftigen als das betreffende Sachthema. Dies gilt auch für die eingesetzten visuellen Medien. Hier können beispielsweise Folienschlachten oder sehr laute Farben zu „Vampiren" werden.

Eine grundlegende Dimension wird häufig ausgeblendet, wenn es um Fragen des Auftretens und der persönlichen Präsentation geht. Es geht um die „rechte Gesamtverfassung", die sich aus Kundensicht festmachen lässt

- an der Haltung. – Aufrechte Haltung, voll aufgerichteter Kopf mit Schwerpunkt im Bauch-Becken-Raum signalisieren Sicherheit und Souveränität.
- an der Spannung. – Fühle ich mich im Gleichgewicht, in einem Zustand guter Spannung (= Eutonie)? Man ist erkennbar nicht im Lot, wenn ein nervös-hektisches Verhalten oder Antriebsmangel das Auftreten bestimmt.
- an der Atmung. – Neigen Sie zur flüchtigen Kehlkopfatmung oder praktizieren Sie die wünschenswerte – auf Ausgeglichenheit hindeutende – Tiefenatmung?

Die rhetorischen und körpersprachlichen Aspekte werden im Baustein 3 behandelt.

Selbstwertgefühl

Inwieweit Sie sicher und überzeugend auf andere wirken, hängt vor allem von Ihrem Selbstwertgefühl und Ihrer Einstellung ab. Ihre innere Verfassung beeinflusst unmittelbar Körpersprache, Stimme und Ihr Verhalten in der Interaktion. Nur wer an sich glaubt und sich mit dem Thema identifiziert, wird auch andere Menschen überzeugen können und strahlt Kompetenz und Souveränität aus.

Selbstrauen und eine optimistische Grundeinstellung erleichtern es zudem, Misserfolge in der täglichen Kommunikation zu verarbeiten und motiviert in das nächste Kundengespräch zu gehen.

Sie werden in Überzeugungssituationen profitieren, wenn Sie sich stetig um eine *positive Einstellung* zur eigenen Person, zum Thema und zu den Zuhörern bemühen.

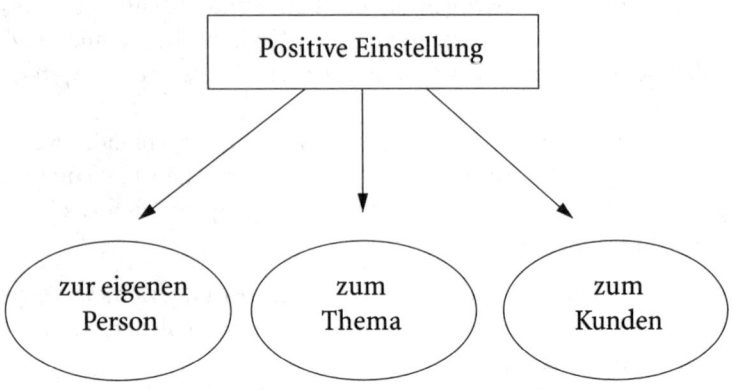

Positive Einstellung zur eigenen Person

Wie denken Sie über sich selbst, wenn Sie Gespräche führen, argumentieren oder präsentieren? Haben Sie Vertrauen in Ihre fachlichen und in Ihre kommunikativen Fähigkeiten? Wenn nein, warum nicht? Wenn Sie vor einem Auftritt Selbstgespräche (innere Dialoge) führen, worum kreisen Ihre Gedanken? Sind es eher Risiken, mögliche Ablehnung, Angst vor Kritik oder denken Sie vorrangig an Chancen, die Stärke Ihrer Argumente und Ihre kommunikativen Fähigkeiten?

Um erfolgsmotiviert „rüberzukommen" ist es ratsam, eine positive Meinung von sich selbst zu entwickeln. Wenn Sie sich selbst nicht akzeptieren, können Sie nicht erwarten, dass andere dies tun! Nur ein Mensch, der Selbstvertrauen hat, kann das Vertrauen anderer erwerben.

Es fördert Ihr Selbstwertgefühl, wenn Sie Misserfolge konstruktiv verarbeiten. Versuchen Sie, auch aus frustrierenden Ereignissen etwas zu lernen und machen Sie sich bewusst, dass zum

Handeln Erfolg und Misserfolg gehören. Bei der Verarbeitung negativer Erfahrungen kann auch das Gespräch mit einem vertrauten Dritten hilfreich sein.

Positive Einstellung zum Thema

Ihr Zuhörer muss spüren, dass Sie eine positive Einstellung zum diskutierten Thema haben. Wenn Sie selbst nicht hinter Ihren Ideen und Argumenten stehen, können Sie nicht erwarten, dass Ihr Kunde Ihre Ausführungen akzeptiert. Es gibt allerdings Situationen, in denen es schwer fällt, Selbstüberzeugung zu zeigen. Beispielsweise dann, wenn Sie von bestimmten Schwachstellen Ihrer Problemlösung wissen, dies aber dem Kunden nicht offen sagen können. In diesem Falle hilft das Prinzip der selektiven Wahrheit. Es lautet: Du musst nicht alles sagen; was Du jedoch sagst, muss wahr sein.

Positive Einstellung zum Kunden

Wenn Sie an Menschen denken, mit denen Sie argumentieren, welche Assoziationen kommen Ihnen spontan in den Sinn? Denken Sie eher an Freunde oder Feinde? Stellt sich eher Angst oder Freude ein? Es liegt auf der Hand, dass die positiven oder negativen inneren Dialoge auch hier einen unmittelbaren Einfluss auf Ihr Stressniveau und damit auf Ihre Mimik, Stimme und Ihr Erscheinungsbild haben. Günstig ist eine partnerschaftliche Einstellung zum Zuhörer, die von Respekt und Wertschätzung getragen ist.

Optimismus

Ein Optimist geht fest davon aus, dass sich trotz Rückschlägen und Enttäuschungen letztlich alles zum Besten wenden wird. So Goleman (1996) in seinem Standardwerk *Emotionale Intelligenz*. Der Unterschied zum Pessimisten liegt darin, dass Optimisten eine Niederlage auf etwas zurückführen, das sich ändern lässt, sodass sie beim nächsten Mal Erfolg haben können. Pessimisten hingegen nehmen die Schuld an der Niederlage auf sich und schreiben sie einem bleibenden Merkmal zu, an dem sie nichts ändern können.

Optimismus erleichtert es, auch schwierige Überzeugungssituationen zu bewältigen und an den Erfolg zu glauben. Sie werden leichter mit Einwänden und kritischen Fragen des Kunden umgehen und in festgefahrenen Situationen einfallsreich nach Varianten suchen, mit der beiden Seiten leben können. Optimistische Charaktere sehen zunächst die Chancen, das Positive, die Potenziale und erst dann die Risiken, das Negative oder die Schwachstellen. Sie lassen sich nicht blockieren durch zu große Ängste, wenn es darum geht, neue Ideen und Argumente darzulegen. Optimismus meint nicht Blauäugigkeit, sondern ist durchaus gekoppelt mit einer pragmatischen Grundeinstellung und mit Realismus. Kennzeichnend ist ein mentales Programm, das durchgängig zuerst das Positive benennt und daran anschließend erst das Unzulängliche, den Lernbedarf oder Verbesserungspotenziale.

Eine große Zahl empirischer Studien (vgl. Schulmann 1999) belegt, dass Fachkompetenz und Motivation nicht ausreichen, um Erfolg beim Kunden zu haben. Eine optimistische Grundhaltung bringt Ihnen eine Reihe von Vorteilen:

- Sie kommen besser an und wirken anziehender und sympathischer.
- Sie werden Ihre Kompetenz und Kreativität leichter einsetzen, um konstruktiv nach zielführenden Lösungswegen zu suchen.
- Sie werden Ihren Gesprächspartner leichter motivieren, über einen toten Punkt hinwegzukommen.
- Sie haben es leichter, Misserfolge zu verarbeiten und vorbehaltlos in das nächste Gespräch zu gehen.

Optimisten verfügen oft über **Humor,** einem wichtigen – oft unterschätzten – Wirkfaktor in der täglichen Überzeugungsarbeit. Ein Witz, ein Bonmot, eine aufheiternde Anekdote o. ä. können hilfreich sein, um eine schwierige Argumentation vorzubereiten und wechselseitiges Vertrauen aufzubauen („Lachen verbindet"). Der Witz war – laut Fortune – eines der wichtigsten Management-Instrumente des amerikanischen Ex-Präsidenten Reagan. Er konnte demnach auf jeden Witz mit einem gleichartigen Witz kontern.

Der Humor half ihm, viele Situationen zu entkrampfen. Selbst die ernstesten Konferenzen schloss der Präsident mit einem Scherz, sodass die Mitarbeiter stets lächelnd sein Büro verließen.

Kontaktfreudigkeit

Hier geht es um die Fähigkeit, auf Menschen zuzugehen, mit ihnen zu kommunizieren, Erfahrungen und Ideen auszutauschen und Beziehungen mit ihnen zu pflegen. Zur Kontakt*freudigkeit* gehört es darüber hinaus, dass man den Kontakt zu anderen Menschen als angenehm und bereichernd empfindet und ihn von daher aktiv sucht. Die besten Voraussetzungen hierfür schafft man zunächst dadurch, dass man Interesse am Menschen zeigt und versucht, das Besondere und Einzigartige an ihnen zu entdecken. Im Baustein 3 werden Kommunikationstechniken dargestellt, die es erleichtern, ins Gespräch zu kommen, ein Gespräch in Gang zu halten und mit einem nachhaltigen Eindruck abzuschließen. In diesem Zusammenhang hat die Fähigkeit des Smalltalk einen hohen Stellenwert, denn kleine Gespräche erleichtern es, eine persönliche Beziehung zu entwickeln und Bindungen aufzubauen.

Einfühlungsvermögen (Empathie)

Wer überzeugen will, braucht Einfühlungsvermögen, also die Fähigkeit, sich in die Lage eines anderen Menschen hineinzuversetzen und seine „Sicht der Dinge" mit seinem Erleben, seinen Erwartungen und Problemen zu verstehen. Weil diese Dimension ein Kernstück der Beziehungsfähigkeit darstellt, haben wir die Details zur Empathie im Baustein 4 erläutert.

Glaubwürdigkeit

Bevor ein Kunde Ihren Ideen und Argumenten zustimmt, wird er – bewusst oder unbewusst – fragen, ob Sie glaubwürdig sind und sein „Ja" verdienen. Für diese Vertrauensbildung förderlich sind neben den bereits angesprochenen Dimensionen:

- eine partnerschaftliche Einstellung, die dem „Prinzip des umkehrbaren Verhaltens" folgt, d. h. „Ich gehe mit dem anderen so um, wie ich möchte, dass er mit mir umgeht",
- Verbindlichkeit, Kontinuität sowie Zielorientierung und Fairness im Gesamtverhalten,
- die Betonung gemeinsamer Interessen; nur wer Interesse am anderen zeigt, kann auch Interesse für sich selbst erwarten,
- ein äußeres Erscheinungsbild, das dem Zuhörer die Identifikation mit dem Sprecher erlaubt,
- ein offener, ruhiger Blick und ein Verhalten, das den anderen emotional nicht einengt,
- das Vermeiden von Imponiergehabe, Langatmigkeit, Ich-Bezogenheit, Anbiederung (kumpelhaftes Verhalten) sowie Distanz erzeugendem Perfektionismus.

Zur Glaubwürdigkeit gehört neben einem erkennbaren Engagement für die Sache, vor allem die wahrgenommene Einheit von Wort und Handeln. Sie äußert sich ausdruckspsychologisch in der Sprechweise, in Gestik und Mimik. Das heißt z. B. das zu tun, was man angekündigt hat. Es beinhaltet auch den Mut, Unpopuläres zu sagen und unpopuläre Entscheidungen im Dienste der richtigen Sache durchzusetzen und, wenn es sein muss, auch im Antipathiefeld (wenn Sie nur von Kritikern umgeben sind) Flagge zu zeigen. Natürlich kommt es Ihrer Glaubwürdigkeit zugute, wenn erkennbar wird, dass Sie sich sorgfältig vorbereitet haben, den Sachstand überblicken und die Aspekte und Bewertungsmaßstäbe des Kunden mit in die Urteilsbildung einbezogen haben.

Glaubwürdigkeit ist doch eine einfache Sache:
Man sagt, was man tut und man tut, was man sagt.
Daniel Dagan

Baustein 3

Baustein 3
Rhetorische Aspekte

● ● ● ● ● ● ● ● ● ● ● ● ● ● ● ● ● ● ●

Wir sprechen mit unseren Stimmorganen,
aber wir reden mit unserem ganzen Körper.
Abercombie

Rhetorik bedeutete im Altertum „Die Kunst der Rede". Im Laufe der Jahre wandelte sich diese Definition, sodass man heute unter Rhetorik wesentlich mehr versteht: Beeinflussung einer oder mehrerer Personen mit sprachlichen Mitteln mit dem Ziel, sie zum Mitdenken oder zum Handeln zu bewegen.

Daraus lässt sich leicht ableiten, dass Rhetorik im weitesten Sinne in allen Kommunikationssituationen angewendet wird. Ob Sie am runden Tisch Gespräche führen, an Konferenzen mitwirken oder Präsentationen halten, stets sind körpersprachliche, stimmliche und sprachliche Faktoren mit im Spiel. Rhetorisches Können beeinflusst zusammen mit den im letzten Baustein behandelten Wirkkräften der Persönlichkeit wesentlich Ihre Überzeugungskraft.

Die rhetorischen Praxistipps im Überblick

- Grundsätzliches zum Sprechdenken
- Sicher und überzeugend auftreten
- Exkurs: Vorsicht bei der Deutung körpersprachlicher Signale
- Wirkungsvolles Sprechen
- Teilnehmerperspektive beachten
- Praxistipps zum Umgang mit Lampenfieber

Was darüber hinaus in speziellen Überzeugungssituationen zu beachten ist, also zum Beispiel bei Gesprächen oder bei Präsentationen, erfahren Sie im zweiten Teil dieses Buches.

Grundsätzliches zum Sprechdenken

Sprechdenken ist ein ganzheitlicher Vorgang: Der ganze Körper ist am Sprechen beteiligt. Lassen Sie also Ihren Körper sprechen, insbesondere Ihre Hände: Gestik ist Ausdruck lebendigen, glaubwürdigen und selbstsicheren Sprechens. Glaubwürdigkeit ist der Einklang zwischen Eindruck und Ausdruck: Übereinstimmung zwischen dem WAS und dem WIE. Selbstsicherheit ist ein „In-sich-ruhen" und Annehmen der eigenen Individualität (einschließlich der „Macken"); sie ist ein wichtiger Sympathiefaktor und unterscheidet sich grundsätzlich von Überheblichkeit, Arroganz und aufgesetztem Imponiergehabe.

Ihre Körperhaltung drückt im Stehen wie im Sitzen Ihre innere Einstellung aus. Sie umfasst alles, „vom Scheitel bis zur Sohle". Achten Sie auf Ihre Füße und Beine; auf Ihren Rumpf, Ihre Schultern; die Neigung Ihres Kopfes.

Nichtsprachliche Botschaften haben einen großen Informationswert und erfüllen wesentliche Funktionen:

- Sie beeinflussen wesentlich die zwischenmenschlichen Beziehungen der Kommunikationspartner.
- Sie helfen dem Gesprächspartner, die sprachlichen Informationen besser und leichter zu verstehen und sie zuverlässiger einzuordnen.
- Sie steuern den Kommunikationsprozess, indem sie den Wechsel zwischen Reden und Zuhören (durch Blickkontakt) sicherstellen.

Die Möglichkeiten unserer Sprechweise und Körpersprache wenden wir eher unbewusst an. Daher stimmen unsere nichtsprachlichen Botschaften im Allgemeinen mit dem überein, was wir an Inhalten mitteilen. Diese Harmonie unserer nichtsprachlichen und sprachlichen Botschaften hilft dem Empfänger, unsere Mitteilungen „richtig" zu entschlüsseln.

Widersprüche zwischen den nichtsprachlichen Botschaften und dem Gesprochenen lösen bei unseren Gesprächspartnern im allgemeinen Unsicherheit, Missverständnisse und Misstrauen aus. Wenn wir uns situationsgerecht und echt verhalten, ist diese Harmonie unserer nichtsprachlichen und sprachlichen Botschaften im Allgemeinen gewährleistet.

Sicher und überzeugend auftreten

Stimmen Sie sich positiv ein, bevor Sie die Tür zum Vortrags- oder Besprechungsraum öffnen. Eine „Bordsteinminute" kann Ihnen helfen, eine gewisse Distanz zur Hektik des Alltags aufzubauen und Ihre Ausstrahlung zu verbessern.

Gerade wenn Sie einen anstrengenden Arbeitstag oder eine mühevolle Anreise zum Kunden hatten, ist es ratsam, einige Momente zu verweilen, bevor Sie vor die Zuhörer treten. Sie können sich zum Beispiel diese vier Formeln (nach Dorothy Sarnoff) einige Male innerlich vorsagen:

- Ich freue mich, dass ich hier bin.
- Ich freue mich, dass Sie hier sind.
- Ich bin ganz für Sie da.
- Ich fühle mich gut vorbereitet.

Diese Formeln erleichtern es, positiv und freundlich eingestimmt auf den Kunden zuzugehen. Sie sind ein probates Mittel, um wegzukommen von negativen inneren Dialogen.

Guter Erst- und Letzteindruck

Ihre Zuhörer machen sich bereits ein Bild von Ihnen, bevor Sie überhaupt einen Satz gesagt haben. In den ersten Sekunden läuft so etwas wie eine Schnelltaxierung. Die Lebenserfahrung zeigt, dass es außerordentlich schwer fällt, einen negativen Ersteindruck später zu korrigieren. Wer einen ungepflegten, fahrigen und zu hektischen Eindruck macht, dem traut man keine Fachkompetenz oder gute Produkte zu. Wie bei jeder Regel gibt es natürlich auch hier Ausnahmen.

Der erste Eindruck muss positiv ausfallen. Denn die ersten Momente Ihres Auftritts prägen weitgehend das Gesamturteil, das sich die Zuhörer von Ihrer Person bilden.

Denken Sie daran: „You never get a second chance to make a good first impression".

Mit Ihrem letzten Eindruck zeigen Sie, wie Sie in der Erinnerung Ihrer Zuhörer nachwirken wollen. Es ist ratsam, Ihre Kernbotschaft zum Schluss noch einmal zusammenzufassen und das Gespräch, die Besprechung oder den Vortrag positiv ausklingen zu lassen.

Offenheit und Engagement

Zeigen Sie emotionalen Ausdruck und Engagement vor allem bei wichtigen Ideen und Argumenten. Ihr Gesprächspartner muss spüren, dass Sie hinter dem stehen, was Sie sagen. Vermeiden Sie Verlegenheitsgesten, Fahrigkeit und Hektik bei Ihren Bewegungen. Die Gestik und Mimik sollte das Gesagte unterstreichen. Etwa 20 Prozent Ihrer Wirkung geht psychologischen Erkenntnissen zufolge auf die Gestik zurück.

Bedenken Sie beim Einsatz der Gestik, dass sich jedes rhetorische Mittel auf Dauer abnutzt. Sie gewinnen, wenn Sie Phasen der Dynamik mit ruhigeren Abschnitten koppeln. So ist es ratsam, die gestischen Impulse zurückzunehmen, wenn Sie analytisch geprägte Inhalte vortragen. Das Verhältnis von rationalen und emotionalen Elementen muss stimmen.

Praxisübung. Es gibt eine alte Übung zum Training der Begeisterungsfähigkeit: Sprechen Sie über ein Thema, das Sie begeistert! Dies kann beispielsweise ein Produkt, ein Land, ein Hobby, eine Vision, eine neue Technologie oder eine politische Idee sein. Es ist hochinteressant und lehrreich zu sehen, wie sich die eigene Gestik, Mimik und Persönlichkeit aufhellt, wenn man wirklich hinter einem Thema steht. Gerade für technisch und eher sachlich orientierte Führungs- und Fachkräfte ist es immer wieder ein Abenteuer, die eigene Körpersprache und Stimme gerade dann auf Video zu erleben, wenn man lebendig und ausdrucksstark ein Thema darstellt, mit dem man sich ganz und gar identifiziert.

Eine weitere Frage, die vor allem ungeübte Seminarteilnehmer immer wieder ansprechen, lautet: Was mache ich mit den Händen, wenn ich argumentiere?

Die übergreifende Empfehlung lautet: Achten Sie darauf, dass Ihre Gestik und Mimik sowie Haltung positive Assoziationen beim Zuhörer auslösen. Senden Sie also „positive Beziehungsbotschaften". Beispielsweise durch offenen, stetigen Blick.

Falls Sie stehend argumentieren, etwa im Rahmen einer Präsentation, ist es ratsam, eine natürliche Grundposition für Ihre Gestik zu wählen. Günstig ist es, die Hände in Hüfthöhe (sog. „neutraler Bereich") zu halten, da dies Handlungsbereitschaft und Engagement signalisiert. Dies fällt leichter,

- wenn Sie Ihr Stichwort-Konzept in die Hand nehmen,
- wenn Sie eine Hand in die andere legen,
- wenn Sie leichten Kontakt mit den Händen halten.

Falls Sie sitzend am Tisch argumentieren, ist es ratsam, die Hände zu öffnen, um unterschwellig Dialogbereitschaft und Offenheit zu signalisieren. Bemühen Sie sich auch hier darum, Ihre Gestik nicht zu machen, sondern zuzulassen. Wenn der innere Impuls da ist, kommt die Gestik von selbst. Ihre Gestik wirkt am stärksten, wenn sie zum Inhalt passt und zusammen mit Ihrer Argumentation, Mimik und Sprechausdruck eine Einheit bildet.

Die kleine Gestik wirkt oft kleinlich und ängstlich. Die große – weit ausholende – drückt eher Sicherheit und Souveränität aus.

Vorsicht: Keine Überheblichkeit!

Blickkontakt anbieten

Halten Sie Blickkontakt zum Kunden, wenn Sie argumentieren. Dies ist ein Signal der Wertschätzung und ermöglicht es Ihnen,

- eine „emotionale Brücke" (Kontaktbrücke) zum Gegenüber aufzubauen,
- persönliche Sicherheit zu demonstrieren,
- die Aufmerksamkeit zu verstärken,
- das Gesagte zu unterstreichen,
- die Reaktionen der Zuhörer zu beobachten.

Es gibt eine Reihe von Erklärungen für fehlenden Blickkontakt im Alltag: Sie reicht von Arroganz und Dominanzstreben bis hin zu

Orientierungen zu Körpersprache und Rhetorik

Sicherheitsgesten	Unsicherheitsgesten
● Gute Gesamtverfassung (geordnete äußere Form; aufrechte Haltung; gute Spannung; Tiefenatmung)	● Schlechte Gesamtverfassung (nachlässige, schiefe oder gekrümmte Haltung; Überspanntheit; flacher Atem)
● Sicherer Stand mit Schwerpunkt auf beiden Beinen	● Hin- und Herpendeln; Aufstützen; hochgezogene Schultern
● Gestik im positiven Bereich; zwischen Hüftlinie und Schultern; ausholende Armbewegungen	● Keine oder zu wenig Gestik im negativen Bereich; Hände bleiben am Körper oder werden versteckt
● Offener, ruhiger Blickkontakt; „Mit den Augen führen!"	● Kein Blickkontakt; unsteter hektischer Blick
● Konzentrierte, gelassene und positive Grundeinstellung/Selbstkontrolle	● Tendenz zu Fahrigkeit und Hektik, die oft mit „Übersprunghandlungen" einhergeht (Finger am Mund, Spielen mit Gegenständen u.a.)
● Freundlich-gewinnende Mimik	● „Verbissene", verspannte Mimik
● Auf rhetorischer Ebene: gute Artikulation, mäßiges Grundtempo; Pausentechnik; wechselnde Lautstärke; Tempovariationen; Verständlichkeit; freier Vortrag; Engagement und Dynamik; Begeisterung	● Auf rhetorischer Ebene: zu leises Sprechen; „nuscheln"; Schnellsprechen; keine Pausen; Füllsel (öh, öh ...); Monotonie und Verlegenheitspausen; Festklammern am Konzept; keine innere Beteiligung; Mangel an Vitalenergie und Begeisterung
● Gute Übereinstimmung von Form (Rhetorik, Körpersprache/Optik) und Inhalt (hohes Maß an Glaubwürdigkeit)	● Mangelhafte Übereinstimmung von Form und Inhalt (geringes Maß an Glaubwürdigkeit)

persönlicher oder fachlicher Unsicherheit, Ängstlichkeit oder Minderwertigkeitskomplexen.

Achten Sie darauf, in Konzentrationsphasen den Blick nicht zu senken oder zu weit vom Kunden(kreis) zu entfernen. Wenn Ihnen die Auge-in-Auge-Situation zu viel innere Anspannung verursacht, schauen Sie auf die Stirn oder auf die Nasenwurzel Ihrer Gesprächspartner.

Die Übersicht auf Seite 66 gibt Ihnen eine Zusammenfassung wichtiger Schlüsselsignale der Körpersprache und Rhetorik, die mit Sicher- und Unsicherheit in Verbindung gebracht werden.

Exkurs: Vorsicht bei der Deutung körpersprachlicher Signale

Es ist Aufgabe der Kinesik, die körpersprachlichen Signale des Menschen zu beschreiben und zu erklären. Bei dieser Disziplin handelt es sich um einen Teilbereich der angewandten Ausdruckspsychologie, die seit den 60er-Jahren vor allem im Kommunikationstraining, wie auch in der rhetorischen und dialektischen Schulung einen hohen Stellenwert hat.

Wie in diesem Baustein ausgeführt, hält die Lehre von der Körpersprache Erkenntnisse bereit, um in Überzeugungssituationen positiv und sicher aufzutreten. Darüber hinaus hilft Ihnen die Kinesik bei der Einschätzung Ihres Gesprächspartners. Reagiert er auf Ihre Argumentation mit

- Akzeptanz und Interesse oder mit Widerspruch und „Abbruchgedanken"?
- Verständnisproblemen?
- nachlassender Aufmerksamkeit?

Informationen hierüber erhalten Sie auf zwei Ebenen: Einmal in Form **nicht-sprachlicher Signale.** Hierzu gehören etwa Unruhe in der Gestik, plötzlicher Haltungswechsel (Zurücklehnen), unsteter Blickkontakt, fragende Mimik, die oft mangelndes Verständnis signalisiert. Feedback kann zudem sprachlich gegeben werden. Beispiele für diese **verbalen Rückmeldungen** sind: offene Zustimmung, Fragen, sachliche Einwände, unsachliche Angriffe, Untergespräche oder Störungen.

Wenn Signale beim Gegenüber auf Abbruchgedanken, Widerspruch oder Desinteresse hindeuten, sollten Sie Ihre Strategie ändern und in die Interaktion gehen. Während einer Präsentation könnten Sie zum Beispiel Gelegenheit geben, Verständnisfragen zu stellen oder Erfahrungen auszutauschen. In einem Gespräch wäre es angeraten, den Gesprächspartner durch Fragetechnik zu aktivieren. Wenn Abbruchgedanken in „innere Kündigung" kippen, ist in der Regel der „Point of no Return" erreicht.

Die Regeln der Kinesik sollten nicht kritiklos zur Anwendung kommen. Einerseits ist die wechselseitige Abhängigkeit von Körpersprache und Psyche unbestritten. Andererseits ist jede äußere Gebärde prinzipiell mehrdeutig. Von daher wäre es gewagt, einzelne Gesten vorschnell zu deuten. Wenn Ihr Gegenüber sich zurücklehnt und die Arme verschränkt, kann dies sehr Unterschiedliches bedeuten: Szenario (1): Er möchte nach konzentriertem Zuhören ein wenig entspannen und fühlt sich einfach so wohler; Szenario (2) er kann sich mit Ihren Argumenten nicht anfreunden und zieht sich zurück; Szenario (3) Er denkt an die schwierige Budgetverhandlung mit der Geschäftsführung und lehnt sich dabei zurück.

Wichtige Merkpunkte für den Alltag:

- Beachten Sie bei der Interpretation körpersprachlicher Signale stets den gesamten Kontext, also auch die Informationen über die Persönlichkeit des Gegenüber sowie sein verbales Verhalten.

- Besondere Aufmerksamkeit sollten Sie „Verhaltensbrüchen" beim Kunden schenken, das heißt, wenn er plötzlich sein Verhalten ändert, also zum Beispiel häufig auf die Uhr schaut, mit den Fingern trommelt oder plötzlich ein sehr unfreundlich-kühles Gesicht aufsetzt.

- Wer seine Mitte verliert (durch Hektik, Stress, Verkopfung...), verliert an Ausstrahlung, sowohl im Bereich der Stimme als auch im Bereich der Körpersprache. Kommunikation sollte von Körpermitte zu Körpermitte erfolgen. Sie gewinnen an Souveränität und Ausstrahlung, wenn Sie sich in eine aufrechte, geordnete Haltung bringen und sprechen.

- Wenn Menschen sich in einer Begegnung emotional gut verstehen, stimmen Sie häufig unbewusst ihre körpersprachlichen Bewegungen aufeinander ab. Diese Synchronisation erleichtert offenbar das Senden und Empfangen von Informationen und fördert einen guten Kontakt.
- Wenn wir über etwas sprechen, das uns begeistert, verändern sich Gestik, Mimik und Stimme. Dies gilt auch unter umgekehrten Vorzeichen: Wenn Sie aufrecht und fest auf dem Boden stehen, den Schwerpunkt über beiden Beinen haben und sich in den Schultern loslassen, fühlen Sie sich auch selbstbewusster und sicherer als wenn Sie das Körpergewicht nur auf einem (Stand)Bein haben. Probieren Sie es aus!

Wirkungsvolles Sprechen

Die persönliche Art und Weise des Sprechens, ob langsam oder schnell, ob laut oder leise, ob deutlich oder „nuschelig", ob flüssig oder stockend – sagt immer auch etwas über die eigene Persönlichkeit aus. Von Cicero stammt das Wort: *Wie der Mensch, so seine Rede!*

Der Überzeugungskraft abträglich sind vor allem

- zu schnelles Sprechen, mangelhafte Pausentechnik,
- wenig moduliertes, eintöniges Sprechen,
- schlechte Artikulation (Verschlucken der Anfangs- und Endsilben),
- zu leises oder zu lautes Sprechen,
- Füllsel (Äh-Sagen...),
- falsche Betonungen.

Wie Sie eine lebendige Sprechtechnik fördern können:

Wechseln Sie die Lautstärke

- Beginnen Sie in der Stimmlage, in der Sie normal sprechen (Indifferenzlage). Sprechen Sie anfangs auch ein wenig langsamer und etwas leiser als normal.

- Wechseln Sie die Lautstärke. Dies kommt der Dynamik Ihrer Argumentation zugute.
- Betonen Sie die sinntragenden Silben und Wörter.
- Die gesprochene Sprache erhält ihren Rhythmus durch die Betonung von sinntragenden Silben und Wörtern. Unterstreichen Sie Sinnhöhepunkte!

Variieren Sie das Tempo

- Sichern Sie durch Tempoveränderungen Farbigkeit und Lebendigkeit Ihres Vortrags.
- Erzeugen Sie Spannung durch Tempoverzögerungen. Fesseln Sie durch Tempobeschleunigungen.
- Wählen Sie insgesamt ein eher mäßiges Grundtempo.
- Sprechen Sie umso langsamer, je wichtiger und schwieriger die Inhalte sind.

Sprechen Sie deutlich

- Eine verwaschene, undeutliche Aussprache kann nicht überzeugen; sie legt die Assoziation nahe, dass der zugrunde liegende Gedanke selbst unklar und wenig durchdacht ist.
- Achten Sie auf eine klare Artikulation bei Anfangs- und Endsilben sowie bei allen Selbstlauten.
- Bemühen Sie sich um gepflegte Aussprache und Verständlichkeit. Hier können Sie von professionellen Moderatoren und Schauspielern lernen!
- Vermeiden Sie Dehnungslaute: Das sind sogenannte Füllsel, wie beispielsweise ähhh, öhhh, öhm usw. Häufige Dehnungslaute werden ebenfalls als negativ erlebt und beeinträchtigen daher Ihre Überzeugungswirkung. Eine Möglichkeit, sie zu vermeiden, besteht darin, zwischen den Sätzen den Mund zu schließen und durch die Nase einzuatmen.

Sprechen Sie flüssig

- Bemühen Sie sich um Wortflüssigkeit; vermeiden Sie stockendes, schleppendes Sprechen.
- Wenn Ihnen mitten im Satz ein bestimmtes Wort nicht einfällt: Weiterreden! Brechen Sie den Satz ab und sagen Sie z. B.:

„Lassen Sie mich besser formulieren" oder: „Lassen Sie es mich anders sagen" oder: „Anders ausgedrückt…". Dann beginnen Sie den Satz von vorn und vermeiden das betreffende Wort.

Machen Sie Pausen

- Sprechpausen geben Ihnen Gelegenheit sich zu entspannen.
- Sprechpausen sind ein wichtiges dramaturgisches Instrument: Sie gliedern, machen aufmerksam, erzeugen Spannung, regen zum Nachdenken an.
- Mit Sprechpausen können Sie die Bedeutung Ihrer Argumente verstärken.
- In Sprechpausen können Sie sich auf die folgenden Aussagen gedanklich vorbereiten.
- Sie können eine Sprechpause vor oder nach einer wichtigen Aussage einschieben. Wird die Sprechpause vor die Aussage gesetzt, spricht man von der „Doppelpunkt-Technik".
- Eine Sprechpause nach einer wichtigen Aussage
  - betont die Aussage,
  - steigert die Aufmerksamkeit der Zuhörer,
  - bewirkt, dass das Gesagte beim Zuhörer intensiver nachwirkt und besser behalten wird.

  Beispiel: „Ich komme jetzt zu einem ganz entscheidenden Punkt: (Pause machen, dann das Argument mit verstärkter oder zurückgenommener Lautstärke bringen)…!"

- Überwinden Sie die Angst vor Pausen! Auch das Schweigen in Rede und Gespräch will gelernt sein.
- Machen Sie Atempausen nach dem Ausatmen, nicht nach dem Einatmen.

Pausen gegen das Schnellsprechen

Ständiges Schnellsprechen wird im Regelfall als eher negativ erlebt und erschwert daher Ihre Überzeugungsarbeit.

- Der Schnellsprecher vermittelt oft den Eindruck, er wolle die Sprechsituation möglichst schnell hinter sich bringen, um Misserfolgen aus dem Weg zu gehen (Fluchtverhalten).

- Hektisch-schnelles Sprechen signalisiert eher Unsicherheit.
- Schnellsprechen verführt zum undeutlichen, „nuscheligen" Sprechen, was sich zusätzlich negativ auf die eigene Überzeugungsfähigkeit auswirkt.
- Zu schnell dargebotene Argumente überfordern die Aufnahmefähigkeit der Zuhörer und mindern den Sympathiewert des Vortragenden.
- Jedoch: Eine schnellere Gangart beim Sprechen ist durchaus nicht immer von Nachteil.

Beispiel: Sie fügen eine Anekdote, ein persönliches Erlebnis, bereits bekannte Nachrichten oder Wiederholungen in Ihre Rede ein. Bei derartigen „Redundanzen" ist im Allgemeinen eine Tempozunahme vertretbar und dramaturgisch geboten.

Teilnehmerperspektive beachten

Große Fachkompetenz und gründliche Vorbereitungen nutzen wenig, wenn Ihre Zuhörer das Gesagte nicht nachvollziehen können.

Sie erleichtern Ihrem Gegenüber die Aufnahme der Informationen,

- wenn Sie Gliederung und Vorgehen mit Ihrem Gesprächspartner abstimmen,
- den Zuhörern immer wieder zeigen, wo Sie im Gespräch stehen,
  - was bereits besprochen wurde,
  - was noch kommt,
- eine zuhörergerechte Sprachebene wählen,
- die Kernaussagen durch anschauliche Beispiele, Visualisierung und Wiederholung verankern,
- Fachbegriffe/Abkürzungen auf das Notwendige beschränken und erklären,
- Ihre Ausführungen an vermutetes/bekanntes Wissen und vermutete/bekannte Erfahrungen der Zuhörer anknüpfen,
- anschauliche Beispiele aus der „Welt" der Zuhörer bringen,
- anhand von Stichworten „frei" sprechen,

- besonders wichtige Aussagen rhetorisch hervorheben *("Dieser Punkt ist besonders wichtig...", "Von entscheidender Bedeutung ist...")*,
- Zusammenfassungen machen
  - nach längeren Ausführungen,
  - nach wesentlichen Aussagen,
- eine gute Mischung zwischen Kerninformationen und auflockernden Elementen (Beispiele; Vergleiche; eigene Erfahrungen usw.) bringen.

Praxistipps zum Umgang mit Lampenfieber

Das Gehirn ist eine großartige Sache.
Es funktioniert bis zu dem Zeitpunkt,
wo Du aufstehst, eine Rede zu halten.
Mark Twain

Auf einen Blick
- Sagen Sie „Ja" zu Ihrer Person.
- Bereiten Sie sich gut vor.
- Lernen Sie aus Ihren besten Erfahrungen.
- Akzeptieren Sie innere Unruhe.
- Handeln besiegt Angst.
- Deuten Sie Misserfolge als Lernchance.
- Vorsicht: Perfektionismus mindert Sympathie.

Die Ursachen für mangelnde innere Sicherheit und Ausstrahlung liegen häufig im Lampenfieber und in Ängsten der unterschiedlichsten Art begründet: Angst vor Versagen, Angst vor dem Steckenbleiben, Angst „einzubrechen", Angst vor kritischen Fragen, Angst, den eigenen Erwartungen nicht gewachsen zu sein usw. Dazu kommen weitere Ursachen für Redehemmungen: mangelnde Übung, Streben nach Perfektionismus, zu hohe Ansprüche an die eigene Person, mangelndes Selbstvertrauen, eine schlechte gesundheitliche Verfassung oder eine unzureichende Vorbereitung.

Diese Faktoren können sich gegenseitig hochschaukeln und zu einer Stress-Situation führen, die viel nervöse Energie freisetzt und unser Denk-Hirn teilweise blockiert. Die Lampenfieberkurve (siehe Abbildung) steigt erfahrungsgemäß zu Anfang eines Auftritts. Je nach Wichtigkeit der Situation und dem eigenen Trainingszustand oszilliert diese Kurve im Zeitablauf. Im Grenzfall wird man in die Nähe der Panikgrenze geraten. Hierfür prägte der Psychologe Festinger den treffenden Ausdruck „psychologischer Nebel". In solchen Extrem-Situationen zeigen sich häufig Verlegenheitsgesten und sprachliche Unsicherheiten. Damit einher geht die Tendenz, an Ausstrahlung und Souveränität zu verlieren, mehr Fehler zu machen und die Argumentation nicht mehr unter Kontrolle zu haben.

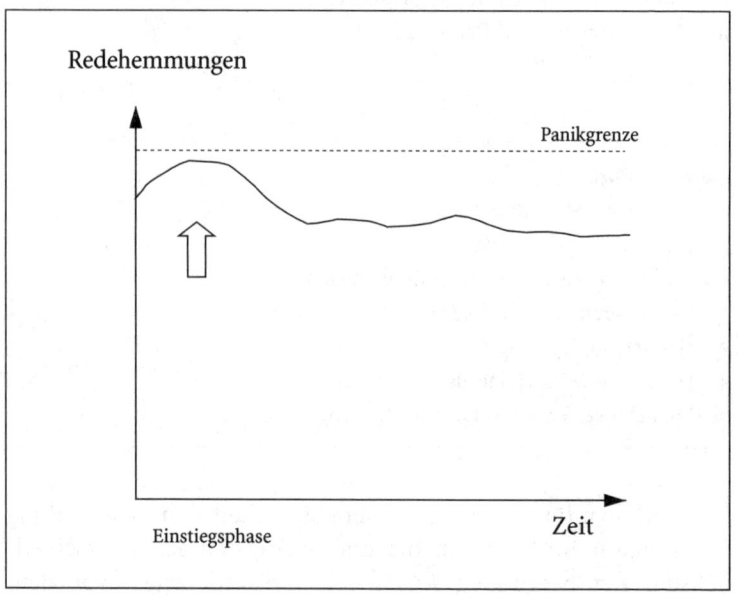

Was kann man nun tun, um hier gegen zu steuern, was kann man tun, um erfolgsmotiviert und selbstüberzeugt vor den Zuhörerkreis zu treten. Dies ist der Dreh- und Angelpunkt für Verhaltensverbesserungen überhaupt. Unsere Erfahrungen in Seminaren zeigen immer wieder, dass der Erfolg im Kopf beginnt. Eine positive innere Einstellung zu sich selbst, zum Thema und zu den Zuhörern (siehe Baustein 2) ist ein unverzichtbarer Erfolgsfaktor. Ihr Wille, Ihr Vertrauen in die eigenen Fähigkeiten und Begabungen, Ihr Wissen um die eigenen Stärken sind notwendige Bedingungen für gekonntes Argumentieren und Präsentieren. Es muss gelingen, eine Einstellung zu erlangen, die von Selbstvertrauen und Erfolgszuversicht getragen ist. Sie haben dann die richtige Verfassung, wenn es Ihnen Freude macht, die Tür zum Konferenzraum zu öffnen und Ihre Zuhörer für Ihre Vorstellungen zu gewinnen.

Sagen Sie „Ja" zu Ihrer Person

Damit haben Sie den entscheidenden Schritt zum Abbau Ihres Lampenfiebers getan. Entwickeln Sie eine positive Meinung von sich selbst. Akzeptieren Sie zunächst Ihre Stärken und Ihre Lerndefizite und versuchen Sie dann schrittweise, die eigenen Stärken auszubauen und die Lerndefizite abzubauen. Wenn Sie sich selbst nicht akzeptieren, können Sie nicht erwarten, dass andere dies tun! Nur ein Mensch, der Selbstvertrauen hat, kann das Vertrauen anderer erwerben. Schreiben Sie auf, was Ihre persönlichen Stärken sind und worauf Sie bauen können, wenn Sie Ihre „Bühnen" betreten. Vermeiden Sie es, sich immer nur Ihre Minuspunkte vor Augen zu halten und das, was schief gehen kann. Es gibt so etwas wie eine sich selbst erfüllende Prophezeihung: Wer sein Gehirn nur mit dem beschäftigt, was alles schief gehen kann, provoziert leicht Misserfolg. Daher der Rat, an das Gelingen zu glauben und dies durch inneres positives Sprechen zu verstärken.

Im Bereich des positiven Denkens gibt es die Erkenntnis, dass alles mit Gedanken und Ideen beginnt. Legen Sie sich daher einige Botschaften zurecht, die zu einer positiven Ausstrahlung beitragen und die Sie sich regelmäßig und besonders unmittelbar vor einem Auftritt innerlich vorsagen sollten. Sie werden dann erleben, es beeinflusst Ihre Einstellung und führt zu einer positiven Resonanz im Publikum.

Bereiten Sie sich gut vor

Eine sorgfältige sachliche Vorbereitung gibt zusammen mit den rhetorischen und dialektischen Mitteln Sicherheit und Erfolgszuversicht. Die vorbereitenden Überlegungen sollten Strategien für schwierige Situationen und „heikle" Einwände mit einschließen. Besonders herausfordernde Gespräche, Interviews oder Präsentationen kann man vorab im Kreis von Kollegen oder Freunden durchspielen, um Schwachstellen zu erkennen und sich auf die Ernstsituation besser einzustellen. Bedenken Sie: Es gibt keine Kunst ohne Übung!

Lernen Sie aus den besten Erfahrungen

Zahlreiche weitere Anregungen finden sich im NLP (Neuro-linguistisches Programmieren). Es ist ein komplexes Kommunikationsmodell und eine Methode zur persönlichen Veränderung. Wenn Sie zum Mentaltraining positiv eingestellt sind, kann der Denkansatz des NLP für die Förderung Ihres Selbstvertrauens hilfreich sein. Eine These lautet, dass Misserfolge häufig durch innere Blockaden verursacht sind. In diesem schlechten Zustand sind Sie von Ihren Potenzialen und Ressourcen abgeschnitten. Sie fühlen sich gestresst, kraft- und energielos, fahrig und unsicher.

Dagegen verfügen Sie über Ihr persönliches Optimum an Überzeugungskraft, wenn Sie „im Zustand Ihrer besten Ressourcen" sind. Dieser gute innere Zustand lässt sich mit den Eigenschaften energiegeladen, erfolgsmotiviert, kraftvoll und selbstsicher kennzeichnen. Schaffen Sie das überzeugendste geistige Bild von sich selbst, zu dem Sie überhaupt fähig sind. So und so möchten Sie in Ihrer „besten Stunde" auftreten und präsentieren. Halten Sie dieses Leitbild fest und definieren Sie kleine Lernschritte, um sich diesem Bild anzunähern. Im letzten Kapitel finden Sie mehr zu der Frage, wie Sie systematisch vorgehen, um neue Gewohnheiten aufbauen zu können.

Akzeptieren Sie innere Unruhe

Lampenfieber ist eine natürliche Orientierungs- und Alarmreaktion unseres Organismus. Es ist – in bestimmten Grenzen – durchaus erwünscht, um die notwendige Energie und Leistungsbereitschaft zu aktivieren. Das weiß jeder Leistungssportler, jeder Schauspieler vor einer Premiere, jeder Moderator vor einer „Live-Sendung" im Fernsehen, jeder Redner vor einer wichtigen Debatte. Nur wer innerlich „aufgeladen" ist, besitzt die erforderliche Dynamik und das Durchstehvermögen für eine überzeugende Präsentation.

Handeln besiegt Angst

Sie können Ihr Lampenfieber besser beherrschen, wenn Sie das rhetorische Know-how kennen und wenn Sie die Ernstsituation üben. Schaffen Sie sich im Alltag Erfolgserlebnisse, indem Sie aktiv nach Gelegenheiten suchen, um auch schwierige Vorträge zu halten und an Besprechungen und Diskussionen teilzunehmen.

Bei Dale Carnegie findet sich die Empfehlung:

„Akzeptiere nie Ausreden vor Dir selbst.
Glaube daran, dass Du Erfolg haben kannst
und Du wirst Erfolg haben.
Setze Dir täglich und monatlich Ziele,
schreibe sie auf und programmiere
Dein Unterbewusstsein, sie zu erreichen,
indem Du Dich mit Bildern von ihnen umgibst.
Hartnäckigkeit gewinnt, wo das Talent nur zuschaut.
Glück liegt nur im Handeln."

Besuchen Sie ein Seminar, um unter pädagogischer Anleitung Unsicherheiten zu überwinden und mit Gleichgesinnten eigene Stärken weiterzuentwickeln und Lerndefizite abzubauen.

Deuten Sie Misserfolge als Lernchance

Belasten Sie Ihr Nervenkostüm nicht durch Misserfolge. Wer handelt, hat Erfolge und natürlich auch Misserfolge. Wichtig ist, wie man Situationen verarbeitet, die nicht erwartungsgemäß gelaufen sind. Hier ein paar Tipps:

- Deuten Sie Misserfolge als Lernquelle. Versuchen Sie also, eine positive Einstellung zu einem „Fehlschlag" zu gewinnen. In den meisten Fällen können Sie sicherlich etwas lernen aus dem frustrierenden Ereignis. Machen Sie Ihr Selbstvertrauen und Ihre Selbstakzeptanz niemals von einzelnen Erfolgen oder Misserfolgen abhängig. Bringen Sie sich selbst gegenüber stets das gleiche Maß an Wertschätzung entgegen und zwar unabhängig davon, ob Sie gerade mit Erfolgen gesegnet sind oder nicht.
- Lernen Sie, sinnvoll mit Ihren begrenzten Kräften umzugehen. Wer hart arbeitet, sollte seine Freiräume verteidigen und sich Pausen gönnen. Niemand kann Begeisterungsfähigkeit und positive Ausstrahlung über Monate und Jahre hin auf einem hohen Niveau halten. Jeder braucht Phasen der Entspannung, Phasen der Regeneration. Entwickeln Sie starke Antennen für schwache Signale, die Ihnen Ihr Körper mitteilt. In fast jeder körperlichen und seelischen Verspannung und Erkrankung liegt eine Bedeutung. Nehmen Sie diese Signale wahr, um wieder in Ihren persönlichen Flow-Zustand zu kommen. Dieser Zustand kann als freies Fließen der inneren Energien interpretiert werden (daher „flow").

Im Flow-Zustand

- sind Sie innerlich gelassen und ruhig,
- haben Sie hohe emotionale Stabilität,
- haben Sie Freude am Handeln,
- fühlen Sie sich selbstsicher,
- haben Sie Erfolgsmotivation und
- Begeisterungsfähigkeit.

Vorsicht: Perfektionismus mindert Sympathie

Bedenken Sie, dass Ihre Zuhörer ebenfalls nur Menschen sind, die kleine Schwächen verzeihen. Perfektionismus ist nicht gefragt, im

Gegenteil. Alles, was zu glatt, zu stromlinienförmig wirkt, kann zur Ablehnung führen. Wenn Ihnen einmal der Faden reißt, wenn Schwierigkeiten auftreten, sind Lächeln und Humor allemal die beste Überlebensstrategie. Ein kleiner sprachlicher Ausrutscher kann sogar Sympathie bringen.

Für Verlegenheitspausen gibt es eine Reihe von Tipps:

- Sprechen Sie weiter. Niemand im Publikum kennt Ihr Konzept.
- Nehmen Sie den letzten Gedanken noch einmal auf.
- Fassen Sie die Quintessenz des bisher Gesagten zusammen.
- Gehen Sie zum nächsten Punkt.
- Sagen Sie, dass Sie im späteren Verlauf Ihrer Argumentation auf den betreffenden Gedanken noch einmal zurückkommen.
- Häufig helfen Formulierungen weiter wie:
  „Lassen Sie es mich anders ausdrücken…"
  „Besser ausgedrückt…"

Bedenken Sie zudem, dass eine Rede keine Schreibe ist. Wichtig ist, dass Sie hinter dem stehen, was Sie sagen, dass Sie verständlich sprechen und dass Sie kompetent und natürlich wirken.

US-Talkmaster Dick Cavett bekennt,

dass er vor jeder Fernsehsendung nervös ist. Einmal mehr, einmal weniger. Sein Rat: Nehmen Sie Lampenfieber nicht so tragisch! Es dringt weniger nach außen, als Sie denken. „Sie sollten einfach wissen: Von dem, was Sie fühlen, sieht der Zuschauer nur ein Achtel. – Wenn Sie innerlich ein bisschen nervös sind, sieht das kein Mensch. – Wenn Sie innerlich sehr nervös sind, sehen Sie nach außen ein bisschen nervös aus. – Und wenn Sie innerlich total außer Kontrolle geraten sind, wirken Sie vielleicht ein wenig bekümmert. Nach Außen dringt alles weit weniger krass, als Sie es selbst empfinden. Jeder, der in einer Talkshow erscheint, sollte sich selbst daran erinnern: das, was er tut, sieht besser aus, als er es empfindet… Ihre Nerven mögen Ihnen tausend Elektroschocks verpassen, der Zuschauer sieht bloß ein paar Zuckungen."

Baustein 4

Baustein 4
Beziehungen gestalten

● ● ● ● ● ● ● ● ● ● ● ● ● ● ● ● ● ● ● ●

Richtig sieht man nur mit dem Herzen;
das Wesentliche ist für die Augen unsichtbar.
Antoine de Saint-Exupery. Der kleine Prinz

Der Inhalt auf einen Blick

- Ihre Rolle als Beziehungsmanager
- Die eigene Sozialkompetenz weiterentwickeln
- Dimensionen sozialer Kompetenz
  - Rhetorisches Verhalten
  - Einfühlungsvermögen
  - Spezielle Techniken
  - Persönliche Wirkfaktoren
  - Smalltalk

Offene und vertrauensvolle Beziehungen zum Kunden sind unverzichtbar, um die Zukunfts- und Wettbewerbsfähigkeit eines Unternehmens zu sichern. Je ähnlicher die Produkte und Preise im Vergleich zu Wettbewerbsangeboten sind, desto wichtiger wird die Qualität der persönlichen Beziehung zum Kunden. Es wäre fahrlässig, die vielfältigen Kontakte zum Kunden dem Zufall zu überlassen. Vielmehr muss es darum gehen, diese aktiv zu gestalten und alle Chancen zu nutzen, um Kunden zu begeistern.

In diese Richtung zielen moderne Konzepte des Kundenbindungsmanagement (Customer Relationship Management = CRM) die weit über das Ziel der Kundenzufriedenheit hinausgehen. Kundenzufriedenheit wird als notwendige, aber keine hinreichende Bedingung für Kundenbindung angesehen. Im Gegenteil: Die Marktforschung beobachtet in vielen Branchen, dass selbst sehr zufriedene Kunden nur eine geringe Loyalität zu einem Anbieter aufweisen. Aktives Kundenbindungsmanagement muss daher über die Sicherung der Kundenzufriedenheit hinausgehen (vgl. Homburg 2001).

Das wichtigste Instrument zur Kundenbindung sind Aufbau und Festigung persönlicher Beziehungen. So wichtig bessere Produkte und Serviceleistungen sowie computergestützte CRM-Konzepte auch sind: Sie können niemals den persönlichen Kontakt von Mensch zu Mensch ersetzen.

> **Ihr Beziehungsmanagement gibt Ihnen zusätzliche Chancen,**
> **sich positiv von Ihren Mitbewerbern abzuheben.**
>
> **Nutzen Sie sie!**

Ihre Rolle als Beziehungsmanager

In der täglichen Kommunikation werden nicht nur sachliche Fragen, sondern gleichzeitig auch Beziehungen zwischen den Beteiligten „geregelt". Dies gilt für Gespräche, Verhandlungen oder Besprechungen genauso wie für die übrigen Situationen, in denen Sie Überzeugungsarbeit zu leisten haben.

Auf der **Sachebene** geht es vor allem darum, Probleme zu klären, Gespräche zu strukturieren, Schlüsselargumente verständlich darzulegen und relevante Informationen auszutauschen. Benötigt werden hierzu rationale Intelligenz und Problemlösungsfähigkeit.

Auf der Beziehungsebene geht es um das Gesprächsklima sowie um Befindlichkeiten, Gefühle und Erwartungen des Kunden. Dies erfordert „emotionale Intelligenz" (Goleman 1995), die zu 70 bis 80 Prozent über den Erfolg in der Kommunikation entscheidet. Die Qualität der Beziehung zeigt sich zum Beispiel in den gewählten Formulierungen, im Tonfall, in körpersprachlichen Begleitsignalen und in der Art und Weise, wie Sie auf Einwände reagieren.

Durch Ihr Beziehungsverhalten haben Sie die Chance, die Qualität des Angebots durch die Art, wie Sie mit dem Kunden umgehen, aufzuwerten. Bei der Vernachlässigung der Beziehungsebene hingegen, besteht die Gefahr, dass Sie dadurch Ihr Produkt abwerten und infolgedessen ein möglicher Geschäftsabschluss gefährdet ist.

Als Beziehungsmanager verfügen Sie über emotionale Intelligenz (syn. soziale Kompetenz), wenn Sie die Kunst beherrschen, mit den Emotionen anderer umzugehen und tragfähige, vertrauensvolle Beziehungen zum Kunden aufzubauen, zu entwickeln und zu festigen. Hierbei geht es auch darum, sich flexibel auf die Phasen einer Geschäftsbeziehung mit einem Kunden einzustellen. Vergleicht man den Geschäftsbeziehungsverlauf mit einem Produktlebenszyklus, so lassen sich daraus mögliche Rollen eines Beziehungsmanagers ableiten. Je nach Phase muss er „Aufbaumanager", „Kundenbindungsmanager", „Krisen- oder Rückgewinnungsmanager" sein.

Er sollte also die Flexibilität mitbringen, sich auf die verschiedenen Phasen in einer Geschäftsbeziehung mit einem Kunden einzustellen. Als Aufbaumanager steht er vor der Aufgabe, neue Kunden zu gewinnen; als Kundenbindungsmanager wird er prüfen, inwieweit Zufriedenheit gegeben ist und welche Instrumente in Frage kommen, um diese Kundenbindung zu festigen. Ein anderes Instrumentarium ist notwendig, wenn Reklamationen oder Krisen zu bewältigen sind (vgl. Homburg 2001).

Im Folgenden erfahren Sie, was soziale Kompetenz im Kundenkontakt bedeutet und wie Sie Ihre Fähigkeiten als Beziehungsmanager weiterentwickeln können.

Die eigene Sozialkompetenz entwickeln

Beziehungserfolg wird dann eintreten, wenn ein offenes, vertrauensvolles und loyales Verhältnis zwischen Ihnen und dem Kunden gewachsen ist. Inwieweit Sie dieses Ziel erreichen, hängt von Ihrer Sozialkompetenz ab. Bevor wir diese zwischenmenschliche Faktoren im Einzelnen darstellen, sollen vorab zwei übergreifende Grundsätze dargestellt werden, die für jedes Beziehungsmanagement von Bedeutung sind:

Stellen Sie Ihren Kunden in den Mittelpunkt.
Berücksichtigen Sie die allgemeinen Erwartungen des Kunden.

Stellen Sie Ihren Kunden in den Mittelpunkt

Der Grundsatz konsequenter Kundenorientierung bietet die beste Gewähr für erfolgreiche Überzeugungsarbeit. Ihr Kunde muss sich wohl fühlen und spüren, dass er mit seinen Erwartungen, Wünschen und Bedürfnissen im Mittelpunkt steht. Sie tragen dazu bei,

- wenn Sie sich bereits bei der Vorbereitung auf die Situation (Probleme, Schwierigkeiten...) des Kunden eingestellt haben (siehe Baustein 1).
- wenn Sie im Gespräch Einfühlungsvermögen für die Perspektive Ihres Kunden zeigen und ihm von A bis Z freundlich und wertschätzend gegenübertreten.
- wenn Sie auf symmetrische Gesprächsanteile achten. Sprechen Sie nicht zu lang, es sei denn, der Kunde gibt Ihnen hierfür grünes Licht. Vielreden und Dominanzgebärden mindern Ihren Sympathiewert.
- wenn Sie Fragetechniken einsetzen und aufmerksam zuhören, um die „Sicht des Kunden" genau kennen zu lernen. Zeigen Sie durchgängig Wertschätzung durch Blickkontakt und kleine non-verbale Rückmeldungen („akustisches Nicken"; Lächeln) oder verbale Verstärker (Hmh, hmh, interessant usw.). Lassen Sie ihn in jedem Falle ausreden.
- wenn Sie nutzenorientiert und nicht merkmalsorientiert argumentieren. Der Kunden wird sich während Ihrer Argumentation stets fragen: WHID: Was Habe Ich Davon, dass ich ihm zuhöre? Was habe ich von seinem Angebot? Worin liegt für mich der besondere Vorteil? ...)

Spezielle Hinweise

- Respektieren Sie die Gefühle Ihres Partners. Missachtung von Gefühlen wird als Missachtung der Person erlebt.
- Sprechen Sie Ihren Kunden mit Namen an.
- Nutzen Sie häufiger die „Sie-Ansprache" (z.B. Das bedeutet für Sie...; Stellen Sie sich einmal vor...; Wir haben für Sie dieses Software-Modul mitintegriert...)
- Vermeiden Sie jede Belehrung, auch wenn Sie Erfahrungsvorsprünge oder eine bessere Formalqualifikation haben.

Berücksichtigen Sie die allgemeinen Erwartungen Ihrer Kunden

Ihr Kunde hat nicht nur Wünsche und Erwartungen, die auf das Angebot und das Sachthema gerichtet sind. Er hat darüber hinaus **allgemeine Erwartungen** (Saul 1999), die vorwiegend mit seinem Selbstwertgefühl, seinen emotionalen Bedürfnissen und seinem Wertekodex zu tun haben. Versuchen Sie daher, diesen „unterschwelligen" Erwartungen des Kunden Rechnung zu tragen. Je mehr Ihnen dies gelingt, desto günstiger sind Ihre Chancen, ihn zu überzeugen.

Übersicht allgemeiner Erwartungen

Unabhängig vom jeweiligen Sachthema möchte Ihr Kunde,

- dass Sie die ungeschriebenen Regeln des Takts und der Höflichkeit beachten,
- dass Sie seine Argumente, Fragen und Einwände ernst nehmen,
- dass Sie ihm zuhören und verstehen wollen, was er sagt,
- dass Sie sein Territorium (Büro; Besprechungsraum...) respektieren,
- dass Ihre Ausführungen verständlich sind,
- dass seine Wünsche und Bedürfnisse im Zentrum des Gesprächs stehen,
- dass er seine Fragen und Bedenken einbringen kann,
- dass Sie wahrnehmen, wie er auf Ihre Argumente reagiert,
- dass er Erfolgserlebnisse hat,
- dass Sie die vereinbarten zeitlichen und sonstigen Rahmenbedingungen einhalten.

> **Der Kunde vergisst schnell,**
> **um was es sich gehandelt hat,**
>
> **Er vergisst jedoch nicht,**
> **wie er behandelt wurde.**

Dimensionen sozialer Kompetenz

Die Abbildung zeigt Ihnen, welche Dimensionen zur Verfügung stehen, um die Beziehung zum Kunden zu gestalten. Ausgangspunkt und Ziel ist der Kunde. Alle Dimensionen sind an diesem zentralen Fixpunkt zu orientieren. Die speziellen Techniken (Fragetechnik; Zuhören, Umgang mit Einwänden) beinhalten Werkzeuge, die in allen Phasen der Überzeugungsarbeit eine Rolle spielen (siehe Bausteine 5 bis 7). Diese dargestellten Dimensionen sind gleichzeitig auch relevante Lernbereiche für die eigene Verhaltensförderung.

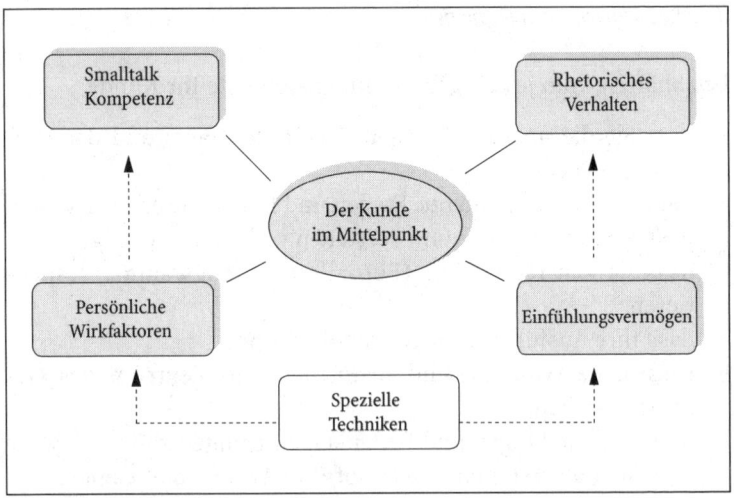

Rhetorisches Verhalten

Hierbei geht es um die Wirkung sprachlicher und nicht-sprachlicher Kommunikation. Die leitende Maxime besteht darin: Das gesamte rhetorische Verhalten muss positiv auf den Kunden wirken.

Im sprachlichen Verhalten ist es wichtig, Ihrem Gegenüber die Informationsaufnahme zu erleichtern:

- Wählen Sie die Sprachebene des Kunden.
- Sprechen Sie einfach, klar und in kurzen Sätzen.

- Geben Sie bei abstrakten Begriffen anschauliche Beispiele, Vergleiche und Visualisierungen.
- Knüpfen Sie Ihre Aussagen an (vermutetes/bekanntes) Wissen und (vermutete/bekannte) Erfahrungen des Kunden an.
- Betonen Sie Wesentliches

  „Für Sie dürfte der folgende Punkt besonders interessant sein…"

  „Hervorzuheben ist hierbei…"

  „Unterstreichen möchte ich…"

  „Ein ganz entscheidender Vorteil…"
- Fördern Sie die Zustimmung Ihres Kunden
  - Sprechen Sie Gemeinsamkeiten an.
  - Beteiligen Sie den Kunden am Überzeugungsprozess.

Durch Ihre Körpersprache können Sie unterschwellig Wertschätzung und Sympathie signalisieren. Zu den positiven Beziehungsbotschaften gehören zum Beispiel

- ruhiger und stetiger Blickkontakt (Vorsicht: keine Dominanz zeigen!),
- offene und stimmige Gestik,
- eine aufrechte, konzentrierte Haltung.

Einfühlungsvermögen (Empathie)

Empathische Fähigkeiten machen es möglich, eine Atmosphäre von Vertrauen, Zuversicht und Beteiligung aufzubauen und Ihren Gesprächspartner zu überzeugen.

Bei dieser Persönlichkeitsdimension (vgl. Baustein 2) geht es darum, den Kunden ganzheitlich wahrzunehmen und seine Perspektive zu verstehen: Was ist ihm wichtig? Welche allgemeinen, welche speziellen Erwartungen hat er? Was macht ihm Spaß? Was sind seine Lieblingsthemen? Was begeistert ihn? Welche Hobbys und Steckenpferde hat er? (siehe Smalltalk-Kompetenz).

Einfühlungsvermögen bedeutet schließlich, starke Antennen auch für kleine Signale des Gesprächspartners zu entwickeln. Eine plötzliche Veränderung seiner Haltung, ein skeptischer Blick oder zunehmende Unruhe gehören genauso dazu wie zögerliches Rückfragen oder Unsicherheiten in der Stimme. Diese non-verbalen und verbalen Botschaften gilt es wahrzunehmen und zu entschlüsseln.

Spezielle Techniken

Um Ihre Ziele in der Interaktion zu erreichen und den allgemeinen Erwartungen des Kunden Rechnung zu tragen, sind spezielle Kommunikationstechniken notwendig, die in anderen Kapiteln im Einzelnen dargestellt sind:

- Fragetechnik (Baustein 6)
- Aktives Zuhören (Baustein 6 und 7)
- Umgang mit Einwänden (Baustein 7)

Persönliche Wirkfaktoren

Die relevanten Wirkfaktoren Ihrer Persönlichkeit: Gesamterscheinung, Selbstwertgefühl, Optimismus, Kontaktfreudigkeit und Glaubwürdigkeit sind in Baustein 2 erläutert worden. Diese Dimensionen erleichtern ein wertschätzendes und freundliches Verhalten im Kundenkontakt.

Wertschätzung und Freundlichkeit machen es möglich, „besondere Beziehungen" (Gross 1997) zu einem Menschen aufzubauen. Mit Ihrem wertschätzenden Verhalten verstärken Sie Ihr persönliches Engagement für die Wünsche und Anliegen Ihres Gegenüber. Gleichzeitig werden Sie als vertrauenswürdiger und sympathischer erlebt und entkrampfen nicht selten das Klima.

- Denken Sie positiv über Ihren Kunden, wenn Sie in ein Gespräch gehen. Eine positive innere Einstellung erleichtert es Ihnen, Ihren Partner mit einem Lächeln zu begrüßen. (Vorsicht: Vermeiden Sie Freundlichkeits-Masken!)
- Ein ehrlicher Dank oder ein anerkennendes Wort im rechten Moment bereitet wenig Mühe und wird Ihren Gesprächspartner erfreuen. Setzen Sie dieses Mittel jedoch nicht inflationär ein.

- Nutzen Sie die Gelegenheiten, kleine Sympathiesignale zu senden, ohne aufdringlich zu wirken. Zum Beispiel in Form von Ich-Botschaften:

> „Wir arbeiten jetzt schon seit X Jahren zusammen. Für mich ist jedes Projekt mit Ihrem Team eine große Freude gewesen…"
>
> „Die Sorgfalt, mit der Sie unsere Konferenzen vorbereiten und betreuen, ist in der heutigen Zeit wirklich außergewöhnlich. Ich möchte Ihnen gern sagen, wie sehr ich Sie persönlich und Ihre Verlässlichkeit schätze".
>
> „Ich freue mich, mit Ihnen erneut zusammenzuarbeiten…"
>
> „Ich möchte Ihnen ein Kompliment zu den Internetseiten Ihrer Sparte machen. Mich hat vor allem… beeindruckt."

Schenken Sie der emotionalen Beziehung mindestens so viel Aufmerksamkeit wie der sachlichen Ebene.

Faustregel

Smalltalk-Kompetenz

Was verstehen wir unter Smalltalk?

Beim Smalltalk (ST) geht es um kleine, eher unverbindliche Gespräche, bei denen vorrangig die persönliche Beziehung und das Kennen lernen im Vordergrund stehen. Diese kleinen Gespräche stehen häufig am Anfang eines Kontakts und werden bei den Amerikanern auch „Icebreaker" genannt.

Im Gegensatz zu großen – strukturierten – Gesprächen wie Verhandlungen und Mitarbeitergesprächen verläuft der ST im Allgemeinen spontan, eher gefühlsmäßig gesteuert und wenig strukturiert. Ein Gütezeichen für gelungene kleine Gespräche: die Beteiligten fühlen sich während des ST und auch anschließend wohl und haben wechselseitig Freude daran.

- Sie können Ihre Beliebtheit fördern und leichter auf eine Wellenlänge mit Ihrem Kunden kommen. Menschen, die sich mit Ihnen gern und gut unterhalten, mögen Sie und freuen sich darauf, Sie zu treffen. Kleine Gespräche über persönliche Themen bieten die Möglichkeit, den anderen kennen zu lernen und ihn besser einzuschätzen. Der Smalltalk steht häufig am Anfang einer dauerhaften Beziehung oder gar Freundschaft. Inwieweit Sie auf andere interessant und sympathisch wirken hängt maßgeblich von Ihrer Fähigkeit ab, kleine Gespräche einfühlsam, kreativ und wertschätzend zu führen.

- Sie können über den ST Ihren Kunden besser kennen lernen als in einer Diskussion über sachliche Themen: Im günstigsten Falle erfahren Sie etwas über seine Werte und Einstellungen, seine Stärken und Schwächen, seinen Stil, sein Format und seine persönlichen Vorlieben.

- Ein guter Smalltalk bietet die Chance, sich im gefühlsmäßigen Bereich Ihres Gegenüber zu verankern. Denn Sie sagen durch die Themen und die Art und Weise, wie Sie kleine Gespräche führen, auch etwas über Ihr eigene Persönlichkeit (lat: personare = durchtönen) und Ihre Beziehungsfähigkeit aus. Smalltalk ist so etwas wie „Beziehungsmanagement im Kleinen".

- Ihre ST-Kompetenz erleichtert es, persönliche Netzwerke aufzubauen und Freundeskreise zu pflegen. Dafür gibt es in der Politik prominente Beispiele. So besaß Altkanzler Helmut Kohl etwa die Fähigkeit, in kurzer Zeit mit Staatsleuten unterschiedlicher politischer Coleur – Jelzin, Mitterand, Gonzales, Reagan, George Bush, Gorbatschow – in einen persönlichen Dialog zu kommen. Diese kommunikative Fähigkeit, auf andere zuzugehen und Kontakte zu knüpfen, haben viele für einen erfolgswichtigen Faktor in der politischen Karriere Helmut Kohls gehalten. Ein zweites prominentes Beispiel ist der Ex-Präsident der USA, Ronald Reagan. Er hat in seinen Begegnungen mit Gorbatschow über Smalltalk und persönliche Begegnung das „Eis gebrochen" und Vertrauen zwischen Ost und West gefördert.

- ST als Laufbahn- und Karrierefaktor: ST begleitet uns vom Bewerbungsgespräch bis hin zu den wichtigen Verhandlungen im internationalen Geschäft. Erfolgreiche Führungskräfte können sehr schnell auf den jeweils anderen Gesprächspartner zusteuern und ihnen das Gefühl geben, in diesem Augenblick der wichtigste Mensch auf der Welt zu sein. ST erleichtert den Einstieg in ein Sachthema.
- Sie können durch Smalltalk im Kontakt mit fremden Menschen Ängste abbauen und Vertrauen entwickeln. Ein kurzes Gespräch über persönliche Themen ist als psychologisches Ventil vor allem dann nützlich, wenn Menschen das erste Mal zusammenkommen, zum Beispiel im Bewerbungsgespräch, beim Besuch von Neukunden oder wenn man bei gesellschaftlichen Anlässen fremden Menschen begegnet.
- Alltag als Übung: Es gibt wohl kaum eine Fähigkeit, die so leicht trainiert werden kann wie die ST-Kompetenz: Am Telefon, im persönlichen Gespräch, am Arbeitsplatz, bei Einladungen, auf Reisen.

Wichtig

→ Bedenken Sie auch, dass das Bild, dass sich jemand von Ihnen macht, stärker davon abhängt, wie man miteinander umgeht als von den diskutierten Sachthemen.

→ Am besten ist es, über Schlüsselworte den Partner dahin zu bringen, dass er über Themen spricht, auf die er stolz ist, die ihn begeistern, die ihn emotional ansprechen.

→ Sie können auch Schlüsselworte des Partners aufnehmen (Sie sprachen von Südafrika. Darf ich fragen, was Sie dort besonders fasziniert hat?)

→ Auch wenn Ihnen ein Hobby oder Interessengebiet Ihres Partners nicht zusagt, bedenken Sie, dass er sich für seine Steckenpferde genauso begeistert, wie Sie selbst für Ihre Vorlieben. Es verlangt einiges an Training, diesen Punkt beim Smalltalk zu beherzigen.

→ Hören Sie mehr zu als selbst zu sprechen. Ein exzellenter Smalltalker ist ein guter Zuhörer!

→ Achten Sie auf die richtige Distanz: Wir brauchen einen gewissen Abstand, um uns wohl zu fühlen. In unseren Breitengraden fahren Sie gut mit der Faustregel: eine Armlänge Abstand!

→ Nehmen Sie Smalltalk-Angebote des Kunden und kleine Aufmerksamkeiten (Kaffee, Tee o.a.) an.

Tabuthemen

- Politik, Gehalt und Religion (weil Streit vorprogrammiert sein kann; Beispiele: Kopftücher bei moslemischen Frauen; das Ritual des Schächtens; Tierschutz; Castor-Transporte)
- Seelische Krisen und Sinnfragen
- Frage nach Familienstand und Lebensstil
- Witze über Minderheiten

Ideen für den Einstieg in den Smalltalk

(1) Außerberufliche Aufhänger

- Die unmittelbare Umgebung
- Wetter
- Anreise; Parkplatz; Gebäude; Stadt...
- Bilder, Modelle, Exponate...
- Kompliment, Kleidung, Outfit
- Themen, die der Jahresablauf mit sich bringt (Weihnacht; Karneval; Ostern/Pfingsten...)
- Dialekt des Kunden
- Gemeinsamkeiten
- Regionale Highlights

Falls man sich näher kennt:

- Familie; Kinder
- Hobby und persönliche Interessen
- Sportliche Vorlieben
- Urlaub, Reisen, Filme, Bücher
- Gratulation zum Geburtstag, Jubiläum, Beförderung...

(2) Berufliche Aufhänger

- Erfolgreiche Projekte der Vergangenheit
- Fachtagungen, Kongresse, Seminare
- Neuigkeiten im Unternehmen, am Markt, auf Messen
- Neuorganisationen
- Internet-Auftritt
- Gemeinsame Erfahrungen
- Berufliche Spezialisierung des Gegenüber

Führungskräfte fragen konkret:

- Was machen Sie beruflich?
- Woher kommen Sie?
- Seit wann arbeiten Sie in der Sparte XY?

Wie ST beenden?

- Bei einer Party nach 3 bis 4 Minuten: „Ich habe mich gefreut, Sie kennen gelernt zu haben. Können wir die Unterhaltung später fortsetzen?" Oder
- „Noch einen schönen Abend – auf Wiedersehen!" Oder:
- Den Gesprächspartner einem anderen vorstellen und sich entfernen.

Smalltalk ist mehr als eine Pflichtübung

Smalltalk gehört zum Beziehungsmanagement; das heißt unter anderem, den Gesprächseinstieg wie auch die Beziehungsgestaltung nicht dem Zufall zu überlassen sondern sie aktiv mitgestalten.

Je mehr es gelingt, aus einem Fremden einen Bekannten zu machen, umso leichter kann man Sachziele erreichen. Außerdem betreibt man Konfliktvorbeugung: In einer tragfähigen Beziehung ist die Kommunikation ungezwungener und offener. Es kommt zu weniger Missverständnissen.

Und: Es ist einfacher, einer unbekannten Person unfaire Absichten zu unterstellen als jemandem, den man kennt.

Man kann mit Spannungen besser umgehen, wenn das Verhältnis in Takt ist.

Geschäfte werden von Mensch zu Mensch gemacht. Will man jemanden für etwas gewinnen, muss man ihm zunächst beweisen, dass man sein Freund ist. Der Kunde muss ständig erleben, dass er im Mittelpunkt ist.

Wenn man mit einer jungen Dame vom Wetter redet,
vermutet sie, dass man etwas ganz anderes im Sinn hat.
Und meistens hat sie damit recht.

Oscar Wilde

Baustein 5

Baustein 5
Fünfsatztechnik

● ● ● ● ● ● ● ● ● ● ● ● ● ● ● ● ● ● ● ●

Wer so spricht, dass er verstanden wird,
spricht immer gut.

Moliere

Der Inhalt im Überblick

● Was bedeutet „Fünfsatz"?
● Tipps zur Vorbereitung
● Die wichtigsten Fünfsatzstrukturen
 – Standpunktformel
 – Reihe und Kette
 – Dialektische Fünfsatz
 – Kompromissformel
 – Problemlösungsformel
● Exkurs: Achten Sie auf die Qualität Ihrer Beweismittel

In Gesprächen und Diskussionen des beruflichen Alltags sind Sie häufig gefordert, Ihren Standpunkt überzeugend darzulegen.

Beispiele:

● In einer Konferenz steht das Thema „Medieneinsatz im Vertrieb" auf der Tagesordnung. Sie werden aufgefordert, Ihre Meinung dazu zu sagen.
● Ein wichtiger Kunde hat einen neuen Internet-Auftritt und fragt Sie nach Ihrer Meinung.
● In einer privaten Runde entwickelt sich eine Diskussion zum Thema PISA-Studie. Sie wollen Ihren Standpunkt dazu formulieren.
● Als Teilnehmer einer Podiumsdiskussion wollen Sie Ihre Position bestmöglich einbringen.
● Für eine Fernsehsendung haben Sie ein kurzes und prägnantes Statement zu formulieren.

In diesen und ähnlichen Situationen kann die Fünfsatztechnik (siehe Geißner 1986) hilfreich sein.

Was bedeutet „Fünfsatz"?

„Fünfsätze" sind Strukturpläne für zielgerichtetes Argumentieren. Sie sind darauf gerichtet, die eigene Meinung oder relevante Teilaspekte in fünf Schritten kurz, logisch und zielführend zu vermitteln. Je nach Anlass und Situation stehen verschiedene Fünfsatzmodelle zur Verfügung. Die wichtigsten lernen Sie in diesem Baustein kennen.

Jeder Fünfsatz enthält die Phasen Einleitung, Hauptteil und Schluss. Dabei ist der Hauptteil für drei argumentative Schritte reserviert. Der Zuhörer soll dazu gebracht werden, den Gedankengang nachzuvollziehen und den roten Faden jederzeit zu erkennen. Die Hauptaussage steht in der Regel am Schluss der Argumentation.

Lesehilfe

Der Begriff Fünf-„Satz" ist missverständlich: Denn jeder der fünf Argumentationsschritte besteht in der Regel aus mehreren Sätzen. Daher sprechen wir im folgenden von Schritt oder Phase.

Sie können sich die Bedeutung der einzelnen Schritte anhand der Übersicht klar machen:

Grundschema der Fünfsatztechnik

1. Schritt	Einleitung	Situativer Einstieg ...
2. – 4. Schritt	Hauptteil	Drei argumentative Schritte ...
5. Schritt	Schluss	Hauptaussage, Zielsatz ...

Erläuterung

1. Schritt:

Je nach Situation gibt es verschiedene Einstiegsmöglichkeiten: Sie können etwa an einem Diskussionsbeitrag anknüpfen, einen neuen Aspekt einführen oder auf eine gestellte Frage reagieren.

Beispiele:

> „Herr Schneider, erlauben Sie mir drei Anmerkungen zu Ihrem Lösungsvorschlag..."
>
> „Ich beantworte gern Ihre Frage nach dem „Stand der Technik..."
>
> „Ein Punkt, der noch gar nicht zur Sprache gekommen ist..."
>
> „Die Kundenakzeptanz ist aus meiner Sicht das größte Problem..."

Schritte 2. bis 4.:

Der dreifach gegliederte Hauptteil beinhaltet die eigentliche Argumentation (= Beweisführung). Die drei Schritte lassen unterschiedliche Kombinationen und Abfolgen zu. Die Argumentation liefert die Belege dafür, dass der Zwecksatz (Hauptaussage) richtig ist.

5. Schritt:

Der letzte Schritt enthält die wichtigste Aussage und wird daher als Zwecksatz bezeichnet. In der Literatur nennt man ihn auch Zielsatz oder zielorientierte Kernbotschaft. Mit ihm wird die Kernbotschaft zugespitzt und einprägsam zusammengefasst und im Regelfall als Appell formuliert.

Beispiele:

> „Und daher sollten wir das Budget für die Anschaffung neuer Notebooks im Vertrieb freigeben."
>
> „Und daher ist Ihr neuer Internet-Auftritt in meinem Team sehr positiv aufgenommen worden."
>
> „Mein Fazit: Die Politik sollte jetzt dafür sorgen, die Qualifikation der Lehrer zu verbessern und die Klassengrößen um 30 Prozent zu verringern."

Tipps zur Vorbereitung

Bei der gedanklichen Vorbereitung eines Fünfsatzes beginnen Sie am besten mit Ihrem Zwecksatz (Kernbotschaft). Hierbei geht es um eine kurze Aussagen, die die Essenz Ihrer Argumentation auf den Punkt bringt. Nachdem Sie den Zwecksatz gefunden haben, suchen Sie nach geeigneten Argumenten und Beispielen. Anschließend überlegen Sie sich einen guten Einstieg.

Der Grundsatz der Kunden- und Zielorientierung sichert die Überzeugungskraft Ihrer Argumentation:

- Geben Sie nur Argumente für Ihren Zwecksatz an.
- Überlegen Sie, welche Argumente aus Kundensicht (vermutlich) die größte Überzeugungswirkung haben.
- Verknüpfen Sie abstrakte Argumente mit eindrucksvollen Beispielen und Vergleichen möglichst aus der Erfahrungswelt der Zuhörer.
- Beschränken Sie sich auf drei Argumente. Drei Argumente kann unser Kurzzeitgedächtnis offenbar gut verarbeiten.
- Bringen Sie bei drei Argumenten: das zweitbeste an den Anfang und das beste zum Schluss!
- Achten Sie von A bis Z auf ein kundengerechtes Sprachniveau.

Die wichtigsten Fünfsatzstrukturen

Standpunktformel
Reihe
Kette
Dialektischer Fünfsatz
Kompromissformel
Problemlösungsformel

Hinweis

Im Baustein 14 – Auftritte in Funk- und Fernsehen – finden Sie einen ergänzenden Fünfsatz, der den Besonderheiten dieses Mediums Rechnung trägt.

Standpunktformel

Wenn Sie Ihrem Kunden(kreis) deutlich machen wollen, was Ihr Standpunkt ist und warum Sie für oder gegen etwas sind, kommt die Standpunktformel in Frage. Bei diesem Fünfsatz verzichten Sie bewusst darauf, sich mit den Gegenargumenten auseinander zu setzen.

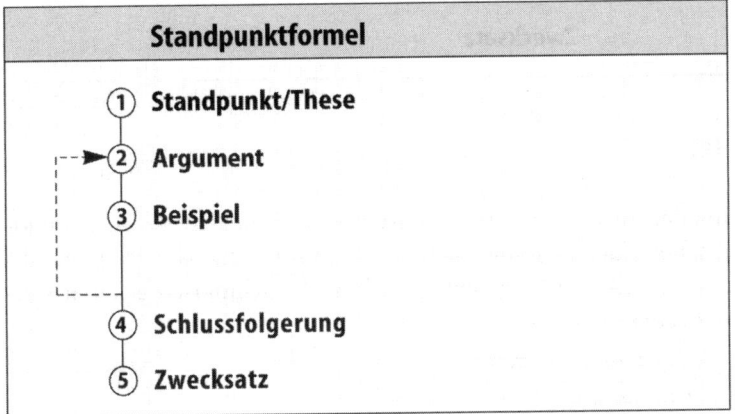

Reihe

Die Reihe ist eine Variante der Standpunktformel. Je nach Zielsetzung können Sie zu Anfang Ihren Standpunkt nennen oder nur auf das Thema hinweisen. Die Schritte 2 bis 4 „addieren" drei argumentative Schritte, die Ihre Aussage stützen. Sie reihen (daher: Reihe) die Aspekte aneinander durch Formulierungen wie: erstens…, zweitens…, drittens oder zum einen…, zum anderen…, darüber hinaus… Auch die Reihe endet wie jeder Fünfsatz mit einem Zwecksatz.

In den USA kommt dieses einfache Modell sehr oft zur Anwendung: „*Die vorgestellte Lösung hört sich auf den ersten Blick gut an. Drei Punkte bereiten mir Kopfzerbrechen. Erstens…, Zweitens…, Drittens… Daher sollten wir uns mit den Risiken bei der Realisierung noch einmal eingehend beschäftigen.*"

Reihe
① **Situativer Einstieg**
② **Erstens...**
③ **Zweitens...**
④ **Drittens...**
⑤ **Zwecksatz**

Kette

Bei der Kette stehen die drei argumentativen Schritte in einem logischen oder chronologischen Zusammenhang. Die argumentativen Schritte im Hauptteil können auch sachlogisch gekettet werden, etwa

Es ist evident, dass...
Dies hat zur Folge...
Daraus folgt zwingend...

Auch bei der Kette haben Sie die Möglichkeit, Ihre Position unter Schritt 1 zu kennzeichnen oder sie zunächst offen zu lassen. Bei emotional aufgeladenen Themen ist die vorsichtigere Variante zu bevorzugen.

Kette (chronologisch)
① **Situativer Einstieg**
② **Früher...**
③ **Heute...**
④ **Morgen...**
⑤ **Zwecksatz**

Dialektischer Fünfsatz

Im Gegensatz zur Standpunktformel entwickeln Sie beim dialektischen Fünfsatz Ihren Standpunkt schrittweise durch Abwägung
von Für und Wider. Falls Sie mehr zur Pro-Seite neigen, tauschen
Sie die Stufen 2 und 3 aus.

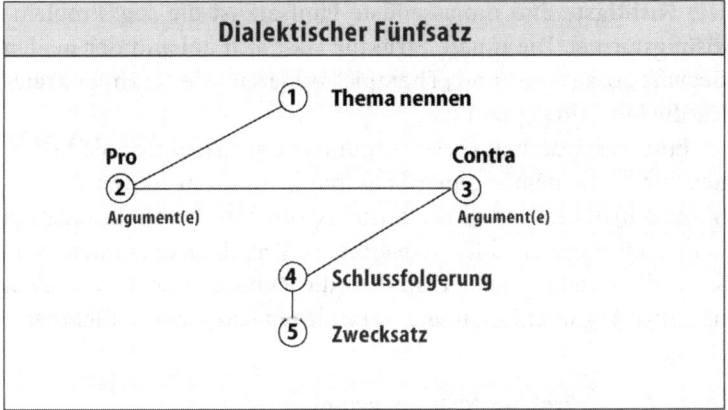

Kompromissformel

Einen ähnlichen Aufbau wie der dialektische Fünfsatz hat die sog.
Kompromissformel. Hierbei nehmen Sie ausdrücklich Bezug auf
die Standpunkte von zwei (oder auch mehr) Personen oder Par-

Kompromiss

1. Situativer Einstieg
2. Position A
3. Position B
4. Dritter Weg
5. Zwecksatz

teien und bestimmen Gemeinsamkeiten zwischen den widerstrei-
tenden Meinungen. Das Fazit (Zielsatz) Ihrer Argumentation kann
dann Grundlage für die weitere Diskussion werden.

Problemlösungsformel

Der wichtigste und umfassendste Fünfsatz ist die sog. Problemlösungsformel. Die innere Struktur lässt sich anhand der beiden
Begriffe „Diagnose" und „Therapie" erklären, wie sie Hippokrates
für die Medizin geprägt hat.

Eine Besonderheit dieser Argumentationsstruktur: Sie beginnen nicht mit dem eigenen Standpunkt sondern führen die Zuhörer schrittweise an Ihren Lösungsvorschlag heran. Gerade bei
neuen Lösungsvorschlägen ist dieses Vorgehen anzuraten, weil
sonst die Gefahr gegeben ist, dass die Zuhörer sofort abschalten
und Ihre Argumentation und Vorschläge nicht mehr aufnehmen.

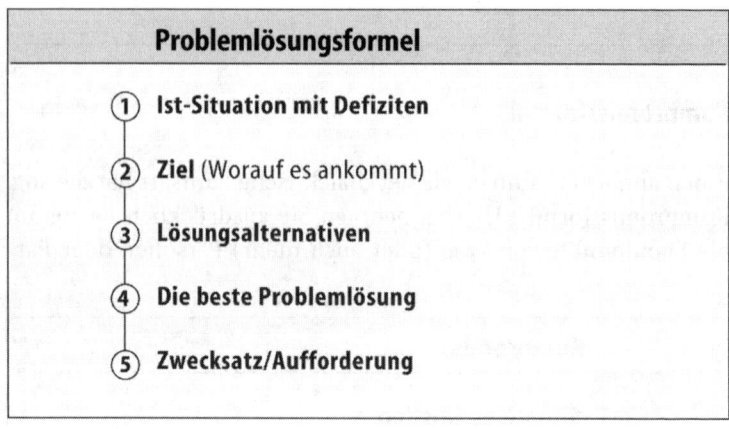

Erläuterung:

Beim ersten Schritt diagnostizieren Sie eine **Ist-Situation**, identi-
fizieren dabei Probleme, Schwierigkeiten, Defizite, Soll-Ist-Ab-
weichungen und zeigen auf, was die Konsequenzen bei Untätigkeit
sind. Dadurch erzeugen Sie einen Sogeffekt nach Verbesserung der
Situation.

Bei der **Zielbestimmung** geht es darum, was wünschenswert wäre.

Im nächsten Schritt werden **Lösungsalternativen** angesprochen, die anhand von Kriterien bewertet werden können.

Gegenstand des vierten Schrittes ist die **beste Problemlösung.** Begründen Sie Ihre Empfehlung.

Der Fünfsatz endet mit einem **Zwecksatz** an die Zuhörer.

Problemlösungsformel als Frageraster:

Die Problemlösungsformel leistet Ihnen auch wertvolle Dienste, wenn Sie einen Diskussionspartner nach seiner Meinung befragen wollen. Hierbei können sie mit Hilfe von weitergehenden Prüffragen Schwachstellen und „Löcher" in der Argumentation des anderen erkennen:

- Wie sehen Sie die aktuelle Lage? Wo sehen Sie die Hauptprobleme? (Prüffragen: Wie kommen Sie zu dieser Einschätzung? Was sind Ihre Informationsquellen? Was sagt die Wissenschaft? Was sagen Fachleute?)
- Welche Ziele scheinen wünschenswert? (Prüffragen: Sind die Ziele realistisch? Sind die Ziele mehrheitsfähig, d. h., haben sie eine Chance, von der Mehrheit akzeptiert zu werden? Bis wann wollen Sie diese Ziele erreichen?)
- Welche Maßnahmen und Lösungsvorschläge sehen Sie, um das Ziel zu erreichen? (Prüffragen: Ist die Maßnahme die beste? Was sagt die Wissenschaft? Was sagt die Erfahrung? Ist der Lösungsvorschlag finanzierbar? Steht der Lösungsvorschlag in Einklang mit übergeordneten Werten und Normen aus Grundgesetz, Rechtsprechung, Unternehmensphilosophie?)

Exkurs: Achten Sie auf die Qualität Ihrer Beweismittel

Im Mittelpunkt einer fairen Argumentation steht die Frage, wer von den Beteiligten die besseren Beweismittel hat. Überlegen Sie daher vorher, wie Sie Ihre Behauptungen (= Thesen) absichern können. Damit sind wir bei dem Kernstück der oben erläuterten Fünfsatztechnik.

Im Folgenden geben wir eine Auflistung möglicher Beweismittel (als Ergänzung zu den Überlegungen in Baustein 1) und bieten einen Vorschlag zur Gliederung dieser Beweismittel an:

Liste möglicher Beweismittel (=Argumente):

- Ihre Lebenserfahrungen und Betroffenheit,
- Fakten, Zahlen, Untersuchungen, Forschungsergebnisse,
- Fachexperten und Wissenschaftler,
- Referenzen (erfolgreiche Projekte; Unternehmen; Personen; Länder...),
- Nutzen, den Ihr Vorschlag bringt,
- Alleinstellungsmerkmale (USPs),
- Normen aus Ethik, Moral und Recht
- Beispiele, Bilder und Vergleiche
  (zur Veranschaulichung)

Beweismittel lassen sich danach gruppieren, inwieweit ihr Schwerpunkt im rationalen, emotional-persönlichen oder moralisch-ethischen Bereich liegt. Daraus folgen diese Argumentationstypen:

1. **rationale Argumentation.** – Hierbei kommen logisch-analytische Beweismittel zur Anwendung, wie etwa Zahlen, Forschungsergebnisse, Paragraphen, logische Schlüsse,

2. **emotionale Argumentation.** – Der Fokus liegt hierbei auf der gefühlsmäßig-persönlichen Ansprache des Gegenüber. Bei diesem Typus wird zum Beispiel argumentiert mit
   - emotionalen Beispielen und Vergleichen,
   - persönlichen Erfahrungen,
   - Einzelschicksalen und Zukunftsängsten,
   - (z. B. Arbeitslosigkeit, Kriminalität, Umweltkatastrophen),
   - Glück, Begeisterung, Hoffnungen, positiven Aussichten.

3. **moralisch-ethische Argumentation.** – Typische Beweismittel dieser Kategorie sind etwa
   - Werte aus Grundgesetz, Recht, UNO-Charta, Bibel,
   - Aussagen von Persönlichkeiten mit hohem Ansehen,
   - Ethische Standards wie Gerechtigkeit, Umwelterhalt, moralische Verpflichtungen, Fairness.

Diese Argumentationstypen kommen im Alltag in der Regel kombiniert zum Einsatz. So werden häufig rationale Argumente mit anschaulichen Beispielen und/oder moralischen Werten verbunden.

Bedenken Sie stets:
Wer behauptet, ist beweispflichtig! Dieser Imperativ hat zum einen Bedeutung für die Absicherung Ihrer Thesen. Fragen Sie sich bei der Auswahl *Ihrer* Argumente, welche Beweismittel aus der Sicht Ihrer Zuhörer vermutlich die größte meinungsbildende Kraft und Akzeptanz haben (siehe hierzu Baustein 1).

Auf der anderen Seite gehört es zum dialektischen Pro und Contra, beim Gesprächs- oder Diskussionspartner konsequent auf die Qualität *seiner* Beweismittel zu achten. Die Rückfrage ist das beste Instrument, um sich die notwendige Klarheit zu verschaffen. Lassen Sie sich niemals durch bloße Rhetorik Ihres Gegenübers beeindrucken. Konzentrieren Sie sich immer auf den sachlichen Gehalt seiner Ausführungen.

Baustein 6

Baustein 6
Fragetechnik

Wer fragt, ist vielleicht ein Narr
für fünf Minuten, wer nicht fragt,
bleibt ein Narr für immer.
N. N.

Die Themen dieses Bausteins

- Die wichtigsten Fragevarianten
  - Offene Fragen
  - Geschlossene Fragen
  - Rangierfragen
  - Spiegelungsfragen
- Auswahl weiterer Fragevarianten
- W-Fragen als Leitfragen
- Wie Sie psychologisch „richtig" fragen

Eine gekonnte Fragetechnik bringt Ihnen – richtig eingesetzt – eine Reihe von Chancen:

- Sie können Informationen über die „Welt" des Gesprächspartners erhalten: über seinen Standpunkt, sein Vor-Wissen, seine brennenden Probleme und Engpässe, seine Interessen und Entscheidungskriterien hin zu seinen persönlichen Interessen und Hobbys.
- Sie können ein Gespräch oder eine Diskussion in Gang bringen und steuern.
- Sie können herausfinden, was Ihr Gegenüber meint, wenn er vieldeutige, abstrakte Begriffe verwendet: *Was bedeutet Kundenorientierung für Sie in der Praxis? Was verstehen Sie genau unter Corporate Identity? Was heißt innovative Strategie?*
- Sie können die Argumente der Gegenseite auf Tragfähigkeit hin prüfen.

- Sie können das Gesetz des Handelns wieder auf Ihre Seite bekommen. Wer fragt der führt.
- Sie können Zeit zum Nachdenken gewinnen. Die unmittelbare Rückfrage wirkt auf das Publikum in der Regel recht schlagfertig.

Die Fragetechnik des Sokrates („Hebammenkunst")

Sokrates (469–399 v. Chr.) begründete die Kunst der Gesprächsführung im Spiel von Frage und Antwort. Es ging ihm darum die Wahrheit herauszufinden und andere zu überzeugen. Die Kunst der Gesprächsführung verstand er als geistige Hebammenkunst („maieutike techne"). Sie bringt die Gedanken, mit denen ein Gesprächspartner schwanger geht, zur Sprache, prüft sie, weist sie zurück oder modifiziert und verbessert sie und führt sie so der Wahrheit näher. Sokrates will nicht belehren, sondern seine Partner anregen, selbst optimale Lösungen auf ihre Fragen zu finden. Die Methode des Sokrates zielte auch darauf, durch konsequentes Rückfragen scheinbares Wissen (Sophistik) zu entlarven und zur *Einsicht zwingen, dass das Eingeständnis des Nichtwissens die Voraussetzung für die Suche nach echtem Wissen ist.*

Die wichtigsten Fragevarianten

Offene Fragen

Das sind die meisten W-Fragen. Kennzeichen: Sie können nicht mit Ja oder Nein oder einsilbig beantwortet werden. Sie lassen dem Gesprächspartner Freiräume. Sie wirkt daher eher motivierend, nicht einengend.
Beispiele:
- „Welche Erfahrungen haben Sie mit ... gemacht?"
- „Wie schätzen Sie die Situation ein?"
- „Was verstehen Sie unter ...?"
- „Wie denken Sie darüber?"
- „Welche Kriterien sind für Sie entscheidend?"

„W-Fragen als Leitfragen" werden weiter unten erläutert.

Geschlossene Fragen

Die Antwort beschränkt sich in der Regel auf ein Ja oder Nein. Geschlossene Fragen lassen nur geringen Spielraum für Antworten. Sie haben nicht den Motivationswert offener Fragen und werden häufig als steuernd und einengend erlebt. Trotzdem sind sie wichtig, wie diese Beispiele zeigen:

- „Haben Sie im vergangenen Jahr an einem Seminar teilgenommen?"
- „Sind Sie mit diesem Vorgehen einverstanden?"
- „Erscheint Ihnen diese Themenliste komplett?"
- „Gefällt Ihnen dieses Auto?"
- „Passt Ihnen der Termin, Morgen, um 10.30 Uhr?"
- „Haben Sie einen Führerschein?"

Rangierfragen

Dieser Fragetyp ist darauf gerichtet, das „Spielfeld" zu wechseln.

Beispiele:
„Was halten Sie davon, zunächst die Ausgangssituation zu besprechen?"
„Natürlich gibt es berechtigte ökologische Argumente, Herr Schumann, ich stimme zu. Sollten wir nicht zunächst die wirtschaftliche Umsetzung des Konzepts besprechen und danach ...?"

Spiegelungsfrage

Diese Frage fördert das störungsfreie Ineinandergreifen der Beiträge und wertet den Kunden auf.

Beispiele:
„Sie sind also der Auffassung, dass ..."
„Wenn ich Sie recht verstehe, geht es Ihnen um ..."
„Sie halten es also für denkbar, dass ...?

Auswahl weiterer Fragevarianten

Entscheidungs- und Alternativ-Fragen
Fangfragen
Ja-Fragen
Suggestiv-Fragen

Entscheidungs- oder Alternativ-Fragen

Diese Frage verlangt eine Stellungnahme vom Befragten, ob er sich für die Lösung A oder B entscheidet, ob er dieses oder jenes bevorzugt oder ablehnt.

Fangfragen

Der Fragesteller hat hier das Ziel, Ihren Wissensstand zu prüfen oder auszutesten, inwieweit Sie sich verunsichern lassen. Zu Fangfragen gehören zum Beispiel

- Prüffragen, die Sie in Beweisnot bringen sollen: Der Fragende weiß etwas und will sich vergewissern, ob der Befragte es auch weiß.
- Hypothetische Fragen, die häufig darauf gerichtet sind, Sie auf's Glatteis zu führen. „Was ist, wenn sich Ihr Vorschlag als Flop herausstellt?"
- Frage mit falscher Prämisse: „Wann haben Sie aufgehört, Ihre Frau zu verprügeln?"

Hinweis: Im Baustein 9 erfahren Sie, wie Sie am besten mit Fangfragen umgehen.

Ja-Fragen

Hierbei wird die Frage so gestellt, dass der Befragte nur mit „Ja" antworten kann. Nach einer für Verkaufsgespräche wichtigen Hypothese begünstigt ein Ja-Sagen weiteres Ja-Sagen! Bitte behutsam einsetzen.

Suggestiv-Fragen

Der Fragende bringt durch seine Fragestellung seine eigene Meinung zum Ausdruck. Beispiel: „Sie sind sicherlich auch der Meinung, dass …"

Vorsicht: Eine Suggestiv-Frage reizt zum Widerspruch!

W-Fragen als Leitfragen

Allgemein kann systematisches Fragen so angewendet werden, dass ein vorher „unbefragter" Gegenstand, beispielsweise „Lernen" nach bestimmten Aspekten befragt wird. Erweitert man den auf Aristoteles zurückgehenden Katalog von W-Fragen, so sieht eine systematische Befragung des Gegenstandes „Lernen" folgendermaße aus:

Leitfragen	Aspekte (des „Lernens")
Wer?	Person („Lernender")
Was?	Gegenstand („Lerninhalt")
Wie?	Art und Weise („Lernstil")
Wo?	Ort („Lernort")
Wann?	Zeit („Zeitpunkt und Zeitdauer des Lernens")
Warum?	Motiv („Lernmotiv")
Wozu?	Ziel („Lernziel")

Mit Hilfe dieser Leitfragen lassen sich die Facetten eines Gegenstandes/Themas relativ leicht benennen und sodann – je nach Zielsetzung – weiter analysieren.

Die W-Fragen sind hilfreich

- bei der Sammlung und Gliederung von Informationen,
- bei der Definition von Problemen,
- bei der Entwicklung von Checklisten,
- bei der Vorbereitung von Präsentationen, Vorträgen, Besprechungen,
- bei der Erarbeitung journalistischer Beiträge.

Für die Analyse von Problemen können W-Fragen zu einem Fragenkatalog zusammengefasst werden. Nützliche Fragen hierfür sind etwa:

- In welcher Situation ist das Problem entstanden?
- Welche Forderungen werden maximal/minimal an die Problemlösung gestellt?
- In welche Teilprobleme ist das Hauptproblem zerlegbar?
- Welche Bedeutung hat die Lösung des Problems?
- Was geschieht, wenn das Problem nicht oder erst später gelöst wird?

Wie Sie psychologisch „richtig" fragen

- Stellen Sie jeweils nur eine Frage.
- Fragen Sie knapp, präzise und leicht verständlich.
- Verbinden Sie eine freundliche Grundhaltung mit Konsequenz in der Sache.
- Geben Sie dem Kunden Zeit zum Nachdenken. Formulieren Sie die Fragen gegebenenfalls neu. Geben Sie Verständnishilfen.
- Versetzen Sie sich in die Position des Kunden (seine „Welt", seine Bildungsvoraussetzungen und Bedürfnisse) und formulieren Sie Ihre Fragen dementsprechend.
- Sprechen Sie Ihren Kunden mit seinem Namen an.
- Fragewörter gehören an den Anfang!

Hinweis: im Alltag ist jeweils zu prüfen, welche dieser Fragearten zur Situation und zu den eigenen Zielen passt.

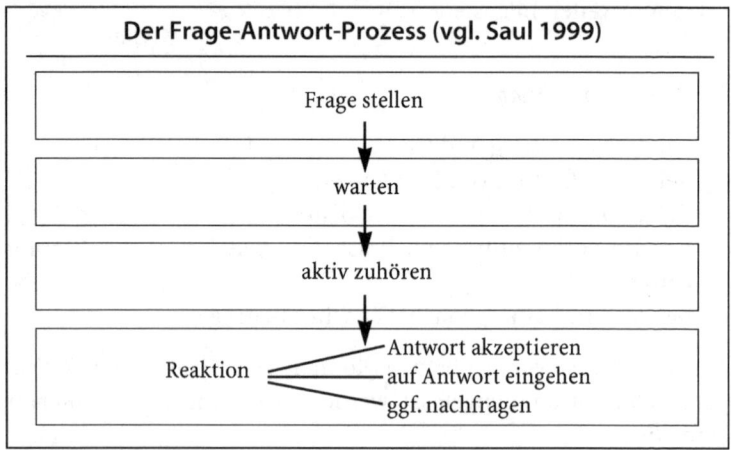

Der Frage-Antwort-Prozess (vgl. Saul 1999)

Frage stellen

warten

aktiv zuhören

Reaktion
— Antwort akzeptieren
— auf Antwort eingehen
— ggf. nachfragen

- Verwenden Sie sogenannte „Türöffner", um den Kunden nach einer gestellten Frage zum Sprechen zu bringen:
  - Einfache Türöffner wie: Aha, Hmhm, interessant, Wirklich? Das interessiert mich!
  - Aufforderungen zum (Weiter-)Sprechen wie „Können Sie mir das genauer erklären…" „Ihre Erfahrungen würden mich sehr interessieren…"
- Türöffner ermutigen, mehr zu sprechen, tiefer zu gehen, verleiten den anderen aber auch dazu, Fehler zu machen und schwache Argumente und Beweismittel anzuführen.
- Unter psychologischem Blickwinkel ist immer zu bedenken, dass man sich gewöhnlich leichter durch Gründe überzeugen lässt, die man selbst (durch die Fragen des Gegenüber!) gefunden hat, als durch solche, die anderen in den Sinn gekommen sind!

Baustein 7

Baustein 7
Einwandtechnik

● ●

Zwei Dinge sind unendlich,
das Universum und die menschliche Dummheit,
aber beim Universum ist das noch nicht ganz sicher!
Albert Einstein

Themen dieses Bausteins

* Einwände als Chance begreifen
* Einwände „weich" und „wirksam" behandeln
* Weitere Formulierungsbeispiele für Brückensätze

Wer überzeugen will, muss in der Lage sein, sich wirkungsvoll mit Einwänden und anderen Auffassungen auseinander zu setzen. Dies gilt für die Überzeugungsarbeit unter vier Augen genauso wie für Besprechungen, Konferenzen oder Diskussionsrunden mit Publikum.

Dieser Baustein verdeutlicht, dass eine gute Einwandtechnik mehr verlangt als Sachkompetenz und Schlagfertigkeit. Unter psychologischem Aspekt ist vor allem darauf zu achten, dass unnötige Spannungen vermieden, das Gespräch im Gleichgewicht gehalten und Akzeptanz beim Gegenüber aufgebaut wird.

Bevor Sie weiterlesen, einige Fragen zur Überprüfung Ihrer persönlichen Einwandtechnik:

* Was gehört Ihrer Meinung nach zu einer guten Einwandtechnik?
* Wie reagieren Sie auf sachliche, wie auf unfaire Einwände?
* Wie beurteilen Sie Ihre Fähigkeit, Einwände diplomatisch zu beantworten?

- Wie tragen Sie durch Ihre Art der Einwandbehandlung zu einer positiven Gesprächsatmosphäre bei?
- Inwieweit neigen Sie dazu, Dominanz zu zeigen und Überlegenheit zu demonstrieren?

Einwände als Chance begreifen

Sachbezogene Einwände sind im Allgemeinen positive Signale, weil sie Interesse bekunden. Sie sollten daher produktiv mit ihnen umgehen. Ein anfängliches „Nein", geäußerte Bedenken und Befürchtungen oder kritische Fragen zeigen, dass der Zuhörer noch Widerstände und innere Zweifel hat. Ihre Beweisführung erscheint ihm noch nicht zwingend. In jedem echten Einwand steckt eine Frage oder der Wunsch nach einer Verständnishilfe. Diese Frage gilt es zu erkennen und überzeugend zu beantworten.

Denken Sie daran, dass Sie im Gespräch und in der Diskussion nicht nur an der Qualität Ihrer Thesen und Argumente („Sach-Ebene") gemessen werden, sondern vor allem auch an der Art und Weise, wie Sie mit abweichenden Auffassungen und Kritik umgehen („Beziehungs-Ebene").

Einwände *weich* und *wirksam* behandeln

Das folgende Phasenkonzept zeigt in vereinfachter Form, wie man Einwände psychologisch „richtig" und wirkungsvoll behandeln kann.

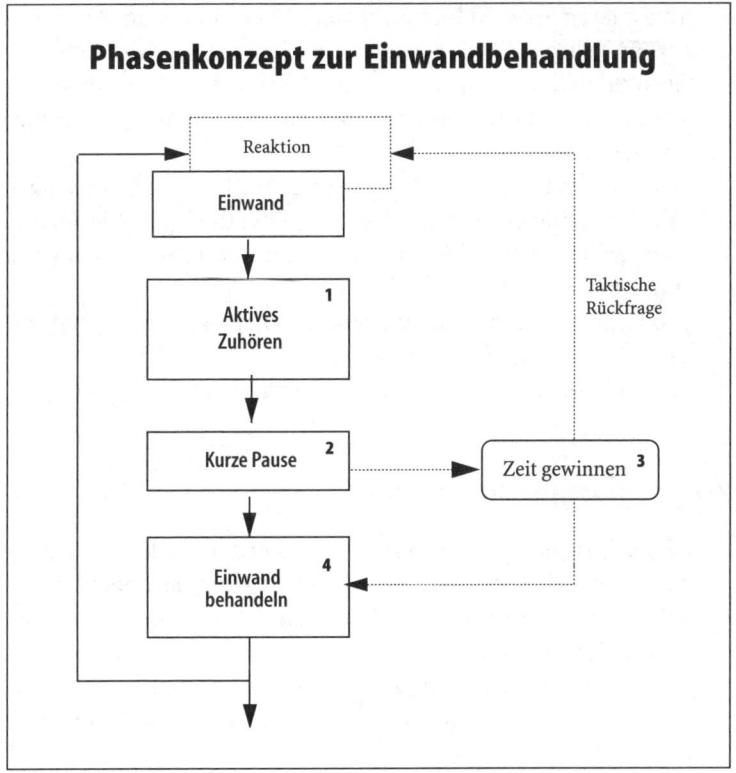

Phasenkonzept zur Einwandbehandlung

Die Phasen im Einzelnen:

1 Aktives (analytisches) Zuhören

Ziel ist es, den sachlichen Gehalt des Einwandes zu verstehen, aufmerksames Interesse zu zeigen und zu einem kooperativen Klima beizutragen.

Wichtige Merkpunkte:

- Bemühen Sie sich, den Kern des Einwands rasch herauszufinden; achten Sie bei der Verständniskontrolle auf die Voraussetzungen, Beweismittel und Konsequenzen. Überlegen Sie, ob Sie auf den Einwand überhaupt eingehen müssen. Sie können ihn auch lediglich zur Kenntnis nehmen und ihn lediglich quittieren.

- Analysieren Sie die Motive, die dem Einwand (wahrscheinlich) zugrunde liegen: Will man Sie provozieren, d. h. ist der Einwand taktisch bedingt?; sind es echte (sachliche) Gesichtspunkte oder sind es Prestigemotive, die zu der Meinungsäußerung geführt haben?
- Bleiben Sie ruhig und gelassen: Ruhe im Blick, aufrechte Sitzhaltung, keine nervösen Übersprunghandlungen. Nie lachen oder lächeln, wenn Sie einen Einwand hören, es sei denn aus taktischen Gründen.
- Beobachten Sie genau das Ausdrucksverhalten Ihres Gegenübers.
- Lassen Sie den anderen ausreden.
- Lassen Sie sich unter gar keinen Umständen provozieren.

2 Kurze Pause zum Nachdenken

- Dies ist psychologisch ratsam, weil eine zu schnelle Antwort oft den Eindruck vermittelt, mit Standardformulierungen zu arbeiten, nicht zugehört und den Gesprächspartner nicht ernst genommen zu haben.
- Eine kurze Pause gibt Ihnen zudem Gelegenheit zu entscheiden, ob Sie sofort antworten sollen oder ob eine Rückfrage günstiger ist.

3 Zeit gewinnen (falls notwendig)

Bei „heiklen" Fragen und Einwänden kann es sinnvoll sein, Zeit zu gewinnen und erst dann den Einwand zu behandeln. Bewährt haben sich diese Taktiken:

- Sie können eine Vorbemerkung zum Einwand machen: *„Erlauben Sie mir eine kurze Vorbemerkung…"; "Zunächst ist festzuhalten, dass…"*. Der ehem. Außenminister Genscher hat diese Technik zur Perfektion entwickelt.
- Sie können den Einwand in einen größeren Zusammenhang stellen: *„Ihr Einwand betrifft einen speziellen Aspekt der Unternehmensstrategie. Ich möchte bei dieser Gelegenheit den Hauptgedanken unserer Strategie verdeutlichen…"*

- Sie können aus taktischen Gründen eine Rückfrage stellen:
  „Herr Meier, können Sie mir sagen, auf welche Zahlen Sie sich in Ihrer Aussage stützen ..."
  „Auf Grund welcher Kriterien kommen Sie zu Ihrer Aussage?"
- Sie können den Einwand in eigenen Worten zusammenfassen:
  „Habe ich Sie recht verstanden, wenn ..."; „Sie sind also der Meinung, dass ..."
- Sie können sehr oft Brückensätze nutzen, um nicht „blind" auf Reizthemen anzuspringen und Zeit zu gewinnen. Beispiele:
  „Auf den ersten Blick mag das so aussehen. Wenn man jedoch genauer hinschaut ..."; „Dieser Eindruck kann durchaus entstehen ..."; „Ihr Einwand zeigt mir, dass der Grundgedanke des Vorschlags noch nicht deutlich geworden ist ..."

Hinweis: Weitere Brückensätze finden Sie in den folgenden Einwandtechniken und zu Ende dieses Bausteins.

4 Einwandbehandlung im engeren Sinne

Vermeiden Sie unbedingt, auf eine Behauptung, die Ihnen nicht passt, mit einer Gegenbehauptung zu reagieren. Widerstand und Widerspruch, ein schroffes „Nein", bauen unnötige Spannungen auf und erzeugen Abwehr. Redewendungen wie: *„Nein, das stimmt nicht ..."; „Nein, da sind Sie falsch informiert ..."; „Glauben Sie mir, das läuft in der Praxis nicht ..."* haben den Charakter der Endgültigkeit und führen häufig zu einer emotionalen Einengung („psychologische Reaktanz") des Partners. Und emotionale Einengung zerstört einen fruchtbaren Dialog und mindert Ihre Glaubwürdigkeit und Ihre Chancen zu überzeugen.

Jede Demonstration von Überlegenheit und Dominanz erzeugt Abwehr und mindert die Akzeptanzbereitschaft beim Zuhörer. Daher die Empfehlung, Einwände nicht zu widerlegen, sondern zu beantworten, partnerschaftlich und nicht überlegen zu wirken. Denken Sie daran: Jeder Mensch hat ein mehr oder weniger ausgeprägtes Bedeutungsbedürfnis, ein Verlangen nach Bejahung und Wertschätzung.

Der Grundsatz der positiven Einstimmung des Gesprächspartners (durch aktives Zuhören sowie Anerkennung, Ausdruck von Verständnis, bedingte Zustimmung u. a.) trägt diesem Motiv Rechnung. Möglichkeiten zur Umsetzung dieser Forderung sind:

- Technik der bedingten Zustimmung
- Umformulierungsmethode
- Vorteile-Nachteile-Methode
- Referenzmethode
- Verzögerungstechnik
- Vorwegnahme-Methode
- Verständnis zeigen
- Beteiligung anderer Zuhörer
- Ausklammern

Technik der bedingten Zustimmung

Hierbei greift man einen Aspekt des Einwands mit einem Brückensatz auf und stimmt bedingt zu. Erst dann wird der eigene Standpunkt auf verständliche Weise erklärt, präzisiert oder relativiert. Formulierungsbeispiele:

„In diesem Aspekt stimme ich zu…“; „Ich bin Ihnen dankbar, dass Sie diesen Punkt ansprechen…“; Diese Meinung hören wir oft. Wir dürfen jedoch nicht übersehen, dass…“

Umformulierungsmethode

Der Einwand wird in eine positive Frage umformuliert mit dem Ziel, ihm die Schärfe zu nehmen und die Diskussion zu versachlichen. Formulierungsbeispiele:

„Wenn ich Sie recht verstehe, geht es Ihnen um die Frage, ob die Risiken verantwortbar sind.“; „Bei jeder Technologie gibt es Chancen und Risiken. So auch hier. Wenn wir die Alternativen in einer Bewertungsmatrix gegenüberstellen, dann…“

Vorteile-Nachteile-Methode

Hier argumentieren Sie mit den zwei Seiten einer Sache. Ein offensichtlicher Nachteil wird zugegeben. Sodann wird der Nutzen oder der Wert Ihres Lösungsvorschlags (Produkt; Technologie; Idee …)

argumentativ aufgebaut. Dadurch soll gezeigt werden, dass sich durch die Abwägung zwischen „Pro" und „Contra" eine Entscheidung für die vorgeschlagene Lösung rechtfertigen lässt.

Formulierungsbeispiele:

- *„Das ist richtig. Der Preis liegt um 10 Prozent höher als bei der Alternative A. Häufig wird jedoch übersehen, dass gerade im ökologischen Bereich ein erheblicher Zusatznutzen mit dieser Variante verbunden ist..."*
- *„Zugegeben, es gibt Risiken bei der Endlagerung von hochstrahlendem Material. Wir dürfen jedoch nicht vergessen, welche Vorteile die Kernenergie im Vergleich zu fossilen Kraftwerken bietet..."*

Referenzmethode

Hier argumentiert man mit den Erfahrungen und Erkenntnissen in vergleichbaren dritten Unternehmen, Organisationen, Ländern oder mit den Aussagen von Experten und Persönlichkeiten, die aus der Sicht des Kunden vermutlich eine große meinungsbildende Kraft haben.

Formulierungsbeispiele:

- *„Vielen Dank für Ihr Frage. Bei der Planung unseres Projekts XY haben wir die angesprochenen Probleme folgendermaßen gelöst..."*
- *„Sie fragen zu Recht nach den Zukunftstrends in diesem Bereich. Unsere Gespräche mit dem Fraunhofer-Institut haben nämlich ergeben, dass..."*
- *„Sie befürchten, dass die Einführung dieses Konzepts viel Unruhe bei den Mitarbeitern verursachen wird. Ich kann Sie hier beruhigen. Wir haben eine Reihe von Referenzunternehmen, die gerade durch frühe Beteiligung der Betroffenen die Einführungsphase sehr gut gemeistert haben...".*

Verzögerungstechnik

Der Einwand wird positiv bewertet und zu einem späteren Zeitpunkt beantwortet: *„Ein wichtiger Aspekt, den Sie da ansprechen, ich komme gegen Ende meiner Ausführungen auf diesen Punkt zu sprechen...".*

Vorwegnahmemethode

In vielen Fällen kommt es Ihrer Überzeugungskraft zugute, wenn
Sie von sich aus den ein oder anderen Einwand ansprechen, den
man bei der vorgeschlagenen Problemlösung bringen könnte. Insbesondere kritische Zuhörer honorieren in der Regel eine zweiseitige Argumentation. Vorsicht: Keine schlafenden Hunde wecken!

Verständnis zeigen

Zeigen Sie Verständnis für die Einschätzung und die Wünsche
Ihrer Zuhörer. Verständnis zeigen ist eine einfache Geste der Wertschätzung und trägt dazu bei, dass sich die Distanz zum Gegenüber verringert. Bedenken Sie, dass Kritik und Einwände häufig
nur damit zu tun haben, dass Ihr Kunde eine andere Sicht der
Dinge, eine andere Perspektive hat. Hieraus kann man relativ leicht
eine kooperative Einwandtechnik machen.

Formulierungsbeispiele:

- *„Ich kann Ihre Sicht der Dinge sehr gut nachvollziehen. Es gibt allerdings Untersuchungsergebnisse, die uns veranlasst haben, einen anderen Weg zu beschreiten…"*
- *„Ich habe volles Verständnis für Ihr Anliegen und würden es gern realisieren. Wir haben hier jedoch die Auflagen des Bundesumweltamtes zu beachten…"*
- *„Ich verstehe sehr gut Ihre Verärgerung über den Terminverzug. Bitte geben Sie mir die Chance, den Hintergrund für die terminlichen Schwierigkeiten zu beleuchten."*

Beteiligung anderer Zuhörer

In bestimmten kommunikativen Situationen wie Besprechungen
oder bei Präsentationen kann es sinnvoll sein, die Frage an andere
Teilnehmer weiterzugeben.

Formulierungsbeispiele:

„Herr Schneider, ich denke, die Frage fällt eher in Ihren Zuständigkeitsbereich….; „Was ist Ihre Einschätzung zu dieser Frage…"

Ausklammern

Wenn Einwände oder Fragen nicht unmittelbar zum Thema oder zum Tagesordnungspunkt gehören, kann man diplomatisch Neinsagen und die Diskussion auf eine andere Gelegenheit verschieben.

Formulierungsbeispiele:

„Es würde den Rahmen dieser Veranstaltung sprengen..."

„Im Moment kann ich mich dazu nicht äußern. Wir sind noch im Prozess der Meinungsbildung..."

„Ich möchte Ihnen zu dieser technischen Detailfrage keine gewagte Antwort geben. Darf ich Ihnen einen Kontakt zu unseren Spezialisten in der Forschungs- und Entwicklungsabteilung herstellen?"

Weitere Formulierungsbeispiele für Brückensätze

- Ihre Frage enthält eine Unterstellung, die so nicht zutrifft...
- Ihr Einwand zeigt mir, dass der Grundgedanke des Konzepts noch nicht deutlich geworden ist...
- Ihre Frage erstaunt mich, denn wir haben gerade im Bereich des Servicemanagement eine Reihe von Maßnahmen auf den Weg gebracht...
- Glücklicherweise handelt es sich dabei um Einzelfälle...
- Zu dem Thema gibt es eine Fülle von Untersuchungen...
- Wie bei jeder Neuerung gibt es auch hier Pro und Contra....
- Neben den angesprochenen Risiken gibt es eine ganze Reihe von Chancen...
- Ihre Frage erstaunt mich. Offenbar sind die Fakten noch nicht rübergekommen...
- Dieser Eindruck kann durchaus entstehen, wenn man die Verbesserungen ausblendet...

Baustein 8

Baustein 8
Verständlichkeit

● ● ● ● ● ● ● ● ● ● ● ● ● ● ● ● ● ● ●

Was sich überhaupt sagen lässt,
lässt sich klar sagen;
und wovon man nicht reden kann,
darüber muss man schweigen.
Ludwig Wittgenstein

Ihre besten Argumente nützen nichts, wenn es Ihnen nicht gelingt, sie Ihrem Zuhörer verständlich zu machen. Daher sollten sie alles tun, um Ihrem Gegenüber die Aufnahme und Verarbeitung Ihrer Aussagen zu erleichtern. Verständlichkeit ist eine notwendige Voraussetzungen erfolgreicher Überzeugungsarbeit.

Der Zuhörer soll das, was Sie sagen, verstehen und dem Inhalt nach zutreffend wiederholen können. Und umgekehrt sollten Sie das, was Ihr Gesprächspartner ausgeführt hat, auch sinngemäß wiederholen können. Wie schwierig dieser Test der Wiederholbarkeit ist, erkennt jeder im Selbstversuch, wenn er mit Kollegen aus anderen Fachbereichen spricht und die Quintessenz des Gesagten mit eigenen Worten zusammenzufassen versucht.

Seit mehr als zwanzig Jahren gibt es ein Instrument zur Verbesserung der Verständlichkeit. Es wurde im Psychologischen Institut der Universität Hamburg von einer Gruppe um Professor Schulz von Thun entwickelt und hat unter dem Namen „die vier Verständlichmacher" einen hohen Bekanntheitsgrad erreicht. Es wurde für die schriftliche Kommunikation entwickelt. Inzwischen wendet man es auch in der mündlichen Kommunikation an. Hierbei ist jedoch der dritte Verständlichmacher zu modifizieren.

Diese vier Verständlichmacher sind:

- Einfachheit
- Gliederung und Ordnung
- Kürze und Prägnanz
- Zusätzliche Anregungen

Vorweg einige allgemeine Empfehlungen

- Arbeiten Sie systematisch an der Verbesserung Ihres Wortschatzes. Bemühen Sie sich stets um den treffenden Ausdruck. – Nutzen Sie jede Sprech- und Schreibsituation im Alltag als Chance zur Übung.

- Erweitern Sie den eigenen Wortschatz durch Synonymlexika, durch das Lesen guter Bücher und Zeitungen sowie durch die sorgfältige Ausarbeitung von Aufsätzen, Referaten usw.

- Holen Sie sich Anregungen bei guten Rednern, Journalisten, im Theater oder Schauspiel.

- Sprechen Sie verschiedene Lernkanäle beim Zuhörer an, indem Sie die Vorteile der Visualisierungstechniken nutzen (siehe Baustein 10).

- Wichtige Fachausdrücke sollten Sie erklären und wiederholen; denn der Zuhörer muss sie schrittweise lernen.

- Ihre Aussagen sollen sich an den Bildungsvoraussetzungen der Zuhörer orientieren. Holen Sie den Zuhörer dort ab, wo er steht, in seiner Welt, bei seinen Problemen, bei seinem Vorwissen.

- Achten Sie ständig darauf, inwieweit Sie verstanden werden. „Verständnisschwierigkeiten" kündigen sich häufig in der Körpersprache an. Ein skeptischer Blick, ein fragender Gesichtsdruck oder zunehmende Unruhe sollten Sie veranlassen, Gelegenheit zu Rückfragen zu geben.

- Bedenken Sie, dass die Aufnahmefähigkeit des Gedächtnisses für Neues begrenzt ist. Daher ist weniger oft mehr! Es ist ein Irrtum zu glauben, Sie könnten Ihren Zuhörern – sozusagen im Schnellkurs – die Erkenntnisse und Einsichten in einigen Minuten vermitteln, die Sie sich selbst in Jahren oder Monaten angeeignet haben.

- Zusammenfassungen und Schlussfolgerungen sollten ausdrücklich mitgeteilt werden.

Vier Dimensionen der Verständlichkeit
(nach Langer, Schulz v. Thun und Tausch)

- Einfachheit,
- Gliederung und Ordnung,
- Kürze und Prägnanz,
- zusätzliche Anregungen.

1 Einfachheit

Einfache Darstellung statt komplizierter Darstellung	
kurze Sätze	lange, verschachtelte Sätze
geläufige Wörter	nicht geläufige Wörter
Fachwörter erklärt	Fachwörter nicht erklärt
konkret	abstrakt
anschaulich	unanschaulich

2 Gliederung und Ordnung

Ordnung statt Zusammenhanglosigkeit	
gegliedert	ungegliedert
folgerichtig	zusammenhanglos
übersichtlich	unübersichtlich
gute Unterscheidung von Wesentlichem und Unwesentlichem	schlechte Unterscheidung von Wesentlichem und Unwesentlichem
der rote Faden bleibt erkennbar	man verliert oft den roten Faden
alles kommt der Reihe nach	alles geht durcheinander

Bei diesem Kriterium geht es sowohl um die innere als auch um die äußere Gliederung.

Innere Gliederung meint die Klarheit und Deutlichkeit im Aufbau und die Darbietung der Informationen in einer logisch-sinnvollen Reihenfolge. Ein Beispiel wäre eine Diskussion, die den Phasen 1. Problemanalyse, 2. Ursachenforschung, 3. Zielbestimmung und 4. Entwicklung von Lösungswegen folgt.

Die äußere Gliederung bezieht sich auf die optische Darstellungs-
form (wie Sie einen Text aufbauen; wie Sie ein Flip-Chart oder eine
Folie optisch gestalten ...). Zu entscheiden ist hier u.a. hinsichtlich der Überschriften, Absätze, Vor- und Zwischenbemerkungen,
Farben und Symbolen/Grafiken/Schaubildern. In Gesprächen und
bei Diskussionen gehören Pausen, Einsatz von Lautstärke sowie
Betonungs- und Hinweisformeln („Ich komme jetzt zu einem ganz
entscheidenden Punkt ..."; „Ich fasse zusammen ...") dazu.

3 Kürze und Prägnanz

Hierunter verstehen die Autoren den Sprachaufwand, den Sie zum
Beispiel betreiben, um das Grundprinzip des Katalysators zu erklären, im Verhältnis zum Informationsziel. Zu den inhaltlichen
Entbehrlichkeiten gehören Abschweifen vom Thema, breite Hin-
tergrund- und Randinformationen, Anekdoten, nicht notwendige
Einzelheiten. Äußere Entbehrlichkeiten sind weitschweifige Formulierungen, umständliche Erklärungen, Wiederholungen, Füll-
wörter und Phrasen.

Kürze/Prägnanz statt Weitschweifigkeit	
kurz	lang
aufs Wesentliche	viel Unwesentliches
(Kerninformation)	(Redundanz)
gedrängt	breit
aufs Gesprächsziel	abschweifend
gerichtet	ausführlich
knapp	vieles hätte man weglassen
jedes Wort ist notwendig	können
konzentriert	unkonzentriert

Eine Reihe psychologischer Gründe spricht dafür, eine gute Aus-
balancierung zwischen Kerninformation und Redundanz sicher-
zustellen. Niemand kann sich über längere Zeit auf gedrängt dargebotene Informationen konzentrieren. Jeder braucht Phasen der
Entspannung, des Nachdenkens und Zeit zum Einprägen des Neu-
en. Hierfür eignen sich Wiederholungen, Beispiele, anschauliche
Fälle und auch Anekdoten.

4 Zusätzliche Anregungen

Denken Sie gerade bei fachlich-analytischen Themen an das Prinzip der Anschaulichkeit und an auflockernde Elemente:

Zusätzliche Stimulanz statt Langweiligkeit	
anregend	nüchtern
interessant	farblos
abwechslungsreich	gleichbleibend
persönlich	neutral/unpersönlich

- Sprechen Sie das bildhafte (visuelle) Gedächtnis der Zuhörer an durch eindrucksvolle Beispiele, Bilder, Anschauungsmaterialien und Medien.
- Plastische und bildhafte Formulierungen sollten abstrakte Argumente und Thesen ergänzen. Dies ist erforderlich, um „Kopf" und „Gefühl" anzusprechen.
- Das Auge ist nicht nur unsere wichtigste, es ist auch unsere liebste Erkenntnisquelle. Wer anschaulich spricht, spricht wirksam. Bilder haben eine größere Eindringtiefe als abstrakte Worte.
- Die Bilder und Beispiele sollten möglichst der Erlebnis- und Erfahrungswelt der Zuhörer entnommen sein.
- Muten Sie abstrakte Aussagen und Argumente nur einem wissenschaftlich vorgebildeten Publikum zu.

Baustein 9

Baustein 9
Unfaire Taktiken abwehren

● ● ● ● ● ● ● ● ● ● ● ● ● ● ● ● ● ● ● ●

Wir finden drei Gründe für den Streit in der menschlichen Natur:
erstens Konkurrenz, zweitens Mangel an Selbstvertrauen,
drittens Sucht nach Anerkennung.
Thomas Hobbes

Grundsätzlich können Sie in allen Kommunikationssituationen mit unfairen Taktiken konfrontiert werden. Die nachfolgend angebotenen Abwehrmöglichkeiten beziehen sich weitgehend auf Diskussionsrunden und Stress-Interviews, die brisante, emotional stark aufgeladene Themen behandeln. Für diese Situationen fällt der Transfer unserer Empfehlungen relativ leicht. In den meisten berufsbezogenen Verhandlungen, Gesprächen und Präsentationen finden sich die unfairen Taktiken nicht in der Intensität, wie in der politischen Auseinandersetzung. Ausnahmen mögen die Regel bestätigen. Das hängt sicherlich auch mit der Notwendigkeit dauerhafter und tragfähiger Beziehungen zu internen und externen Kunden zusammen. Im „Harvard Konzept" (Baustein 11) erfahren Sie, wie Sie eine konstruktive Arbeitsbeziehung aufbauen können.

Beachten Sie zudem, dass es zu jeder Spielart der unfairen Dialektik eine Fülle möglicher Reaktionen gibt. Die folgenden Tipps und Formulierungsbeispiele sind Anregungen. Wählen Sie jeweils die Abwehrmöglichkeit aus, die zu Ihrer Situation und zu Ihrer Persönlichkeit passt.

Bevor Sie weiterlesen: Wie verhalten Sie sich,

- wenn Sie persönlich angegriffen werden?
- wenn man Ihnen unlautere Motive unterstellt?
- wenn man Ihnen die Fachkompetenz abspricht?
- wenn man mit Sanktionen droht?
- wenn Ihr Gegenüber blockiert?

Die Übersicht der wichtigsten unsachlichen Spielarten erleichtert Ihnen die rasche Orientierung.

Unsachliche Taktiken

- Persönliche Angriffe
- Killerphrasen
- Fachkompetenz bestreiten
- Fingierte Fakten
- Hypothetische Fragen
- Mit Sanktionen drohen
- Meinungen als Tatsachen hinstellen
- Übertreiben

Hinweis

Stress-Interviews in Funk und Fernsehen stellen eine besondere Kommunikationssituation dar. In Baustein 14 erfahren Sie, wie Sie sich am besten vor unsachlichen Spielarten der „Journalisten" schützen können.

Persönliche Angriffe (argumentum ad personam)

Anstatt sachlich und fair zu bleiben, versucht Ihr Gesprächspartner, Sie durch gezielte Provokation und Emotionalisierung aus der Reserve zu locken, sodass Sie die Selbstkontrolle verlieren und nicht mehr in der Lage sind, ein überlegtes Urteil abzugeben. Solche eristische Taktiken sind zum Beispiel:

- Beleidigungen
  (*„Sie sind ein Traumtänzer..."; „Sie sollten sich bei Ihrem Lebenswandel zurückhalten..."*)
- Unterstellen unlauterer Motive und persönlicher Interessen
  (*„Ihnen geht es doch gar nicht um Umweltschutz, Ihnen geht es doch nur um die Karriere!"; „Als Mitarbeiter eines Energieversorgungsunternehmens können Sie doch gar nicht anders, als pro Atomenergie zu argumentieren"*)
- Herabsetzen mit Schlagworten und Ironie
  (*„Erbsenzählerei, was Sie da betreiben"; „Sie stehen mit beiden Füßen fest auf den Wolken"; „Die blinde Anwendung von Herrschaftswissen ist Ihre*

*Botschaft"; „Für Ihre Ausführungen gibt es nur ein Wort: Steinzeitkapi-
talismus")*
- Schwarze-Peter-Spiele
  (*„Ihre Abteilung und Sie persönlich tragen die Schuld an dieser Fehlent-
  wicklung"*)

Bei Schopenhauer findet sich die folgende „Empfehlung":

> „Den Gegner durch Zorn reizen, denn im Zorn ist er außer Stande, rich-
> tig zu urtheilen und seinen Vortheil wahrzunehmen. Man bringt ihn in
> Zorn dadurch, dass man unverholen ihm Unrecht tut und schikaniert und
> überhaupt unverschämt ist".

Abwehrmöglichkeiten

Bleiben Sie gelassen und ruhig. Lassen Sie sich niemals den Grad
der Unfairness, die Lautstärke und die emotionale Stimmung vom
anderen aufdrängen. Ihr Kopf muss klar und kühl bleiben. Behalten Sie als rationalen Haltepunkt das Thema, die Regeln des Fair
Play und Ihre Zielsetzung im Auge. Als Reaktion kommt in Frage:

- Sie können den persönlichen Angriff ignorieren und die Sache
  in den Mittelpunkt rücken.
  „Wenn ich den sachlichen Gehalt Ihrer Ausführungen betrachte, dann..."
  „Worum geht es in der Sache..."
- Sie können die unfaire Taktik kurz ansprechen und dann an das
  gemeinsame Sachziel erinnern:
  *„Ich halte wenig davon, Schuldzuweisungen zu machen. Das bringt uns
  nicht weiter. Ich möchte eine Lösung, mit der beide Seiten leben können.
  Wir stimmen darin überein, dass..."*
- Wenn Ihre Bemühungen etwa in einer öffentlichen Diskussion
  nicht fruchten, können Sie die unfairen Taktiken Ihres Gegenüber offen ansprechen und ihm zu verstehen geben, dass Sie
  seine Fähigkeit zum sachlichen Gespräch bezweifeln.
  *„Ich kann nicht erkennen, was dieser persönliche Angriff mit Fairneß zu
  tun hat. Bitte helfen Sie mir!?"*
- Greifen Sie nur zu unfairen Mitteln – etwa zur Retourkutsche –
  wenn Sie keinen anderen Ausweg mehr sehen. Dabei sollten Sie
  allerdings stets weniger unfair sein als Ihr Gegenüber.

- Bei (berechtigten) Reklamationen ist es in der Anfangsphase günstig, zu schweigen und zu warten, bis der andere sich Luft gemacht hat, bis er Dampf abgelassen hat. Hören Sie Ihrem Gegenüber aufmerksam zu, bleiben Sie ruhig, zeigen Sie, dass Sie seine Gesichtspunkte verstehen und lenken Sie danach die persönlichen Angriffe in eine sachliche Auseinandersetzung um. Sodann durch sachbezogene Rückfragen schrittweise in einen sachlichen Gedankenaustausch zurückkommen.
- Es fällt leichter, die Aufmerksamkeit auf die sachliche Ebene zu lenken, wenn Sie die Energie des „Aggressors" wie beim Judokampf – weglenken von sich hin zum Sachproblem. Im Harvard-Konzept spricht man auch vom

Argumentations-Judo

Es bringt in der Regel nichts, wenn Sie auf einen Angriff mit einem Gegenangriff reagieren. Die Emotionen schaukeln sich auf und es wird immer schwerer, das Ganze unter Kontrolle zu halten. Versuchen Sie den Teufelskreis von Angriff und Verteidigung/Gegenangriff zu vermeiden. Sie vergeuden nur Energie und Zeit. Versuchen Sie es mit einem Argumentations-Judo: Schlagen Sie nicht mit gleicher Münze zurück, sondern gehen Sie einen Schritt zur Seite und lenken den Angriff auf das Problem. Vermeiden Sie wie beim Judo-Kampf, Ihre Kräfte unmittelbar gegen die Kraft des anderen zu setzen. Lassen Sie den Stoß des anderen durch einen Sprung zur Seite ins Leere laufen. Halten Sie nicht gegen die Gewalt des anderen, kanalisieren Sie sie lieber zur Erkundung der Interessen, indem Sie Optionen zu beiderseitigem Nutzen entwickeln und nach unabhängigen Kriterien suchen.

Das wichtigste Mittel hierzu sind offene Fragen: Fragen Sie, wie Ihr Gegenüber das Problem lösen würde, wie er die Situation sieht, welche Kriterien für ihn entscheidend sind. Fragen Sie, was an Ihrem Vorschlag nicht gut ist.

Eine andere Variante besteht darin, den unsachlichen Angriff nicht zu beachten und das Ausgangsproblem noch einmal zu verdeutlichen.

Killerphrasen

Diese Taktik zielt in der Regel darauf, ein Nachgeben zu vermeiden. Der Partner blockiert. Hierzu werden „Scheinargumente" ins Feld geführt. Beispiele für Killerphrasen:

„In meiner Abteilung geht das nicht...!"

„Unsere Budgets sind zur Zeit zu eng, um diese Software einzuführen..."

„Das kann ich meinem Vorgesetzten nicht verkaufen"

„Diese Neuerung bringt sehr viel Unruhe. Und die können wir jetzt nicht gebrauchen..."

„Ich kenne eine Reihe von Unternehmen, da haben derartige Neuerungen zu einer Bauchlandung geführt!"

Abwehrmöglichkeiten

Lassen Sie sich durch Killerphrasen niemals beeindrucken. Durchschauen Sie diese Taktik. Stellen Sie offene Fragen, um genauer die Sachargumente kennenzulernen, soweit vorhanden:

„Sie sprachen von mangelnder Akzeptanz bei Ihren Mitarbeitern. Welche Punkte sind es konkret, die da zur Sprache kommen...?

„Was befürchten Sie konkret an Unruhe in Ihrer Abteilung?"

„Aus Ihren Worten entnehme ich: Sie befürchten, dass Ihr Vorgesetzter mit Skepsis reagiert.

„Was befürchten Sie konkret?"

„Herr Müller, welche Anforderungen stellen Sie an eine Software für Ihr Team?"

Auf diese Weise haben Sie einen sachlichen Ausgangspunkt für die weitere Verhandlung.

Bestreiten der Fachkompetenz

Bei dieser Taktik wirft man Ihnen mangelnde Sachkunde und unzulängliche Erfahrung vor, um den strittigen Gegenstand beurteilen zu können. Dies geschieht nicht selten mit dem Hinweis auf Ihre berufliche Tätigkeit, auf Ihr Alter oder die Kürze Ihrer Firmenzugehörigkeit.

Eine weitere Variante „boshafter Dialektik" ist die *Partisanentechnik*: Hierbei stellen Sie Ihrem Gegner sehr spezielle Fragen, die er (mit hoher Wahrscheinlichkeit) nicht beantworten kann. Gefragt werden kann etwa nach Zahlen, Definitionen oder Untersuchungen. Aus seiner ungenügenden oder falschen Antwort leiten Sie seine Inkompetenz ab. Beispiel: *„Haben Sie eine Vorstellung, wie hoch das Bruttosozialprodukt in der Bundesrepublik Deutschland im Jahre 2001 war?".* Der Angegriffene verneint. Daran anknüpfend: *„Dann hat es wenig Sinn, mit Ihnen weiter über Wirtschaftspolitik zu diskutieren".*

Abwehrmöglichkeiten

- Lassen Sie sich auf keine Kompetenzdiskussion ein, konzentrieren Sie sich auf die Sachargumente. *„Mit welchen Argumenten sind Sie nicht einverstanden? Wo liegen Ihre Bedenken in der Sache?"*
- Sie können kurz die Arbeitsteilung in Ihrem Team ansprechen und dann zurück zum Verhandlungsthema kommen.
- Sie machen den Gesprächspartner darauf aufmerksam, dass in der heutigen Zeit jeder seine beruflich Spezialisierung und Fachkompetenz hat. So er doch auch.
- In öffentlichen Diskussionsrunden: *„Ich schlage vor, dass wir uns nicht gegenseitig die Fachkompetenz absprechen. Auch Sie haben doch Ihre Spezialisierung, wie jeder im Saal. Ich freue mich darauf, mit wirklichen Argumenten um den besten Weg zu streiten!"*
- Zur o.a. Partisanentechnik: *„Ich halte wenig davon, uns gegenseitig Zahlen abzufragen. Wir sollten uns auf das Kernproblem „Arbeitslosigkeit" konzentrieren. Der wichtigste Lösungsansatz…".*

„Fingierte" Fakten

Ihr Gegenüber lügt. Er macht bewusst falsche Angaben. Er bringt Zahlen, Referenzobjekte, Aussagen renommierter Persönlichkeiten oder wissenschaftliche Forschungsergebnisse, die „fingiert" sind, die mit der Wirklichkeit nichts zu tun haben. Szenario (1): In einem Verkaufsgespräch argumentiert der Chefeinkäufer mit einem (frei erfundenen) Angebot eines Wettbewerbers, das 20 Prozent unter Ihrem Preis liege. Szenario (2): In einer Diskussionsrunde greift Sie ein Fundamentalkritiker mit einem Zahlenwerk an, das es in dieser Form gar nicht gibt.

Abwehrmöglichkeiten

Solange Sie keine guten Gründe haben, jemandem zu vertrauen, sollten Sie vorsichtig sein. Springen Sie niemals auf ein „heißes Eisen" spontan an. Lassen Sie die wohlgesetzten Worte und die Dominanzgebärden der Gegenseite vorbeirauschen. Mißtrauen Sie bloßer Rhetorik, prüfen Sie konsequent die Fakten, die Beweismittel und nicht zuletzt die Informationsquellen der Gegenseite. Sie können zum Beispiel

- in Szenario (1) sagen: *„Ihre Zahl kann ich nicht bewerten, denn ich kenne nicht die Rahmenbedingungen des Angebots. Ich will gern noch einmal deutlich machen, wie sich unser Preis zusammensetzt. Sie werden sehen, dass wir sehr eng kalkuliert haben."*
- in Szenario (2) sagen: *„Ich möchte hier keine Berichte kommentieren, die ich nicht kenne. Wir stützen uns in unser Einschätzung auf die Max-Planck-Gesellschaft und das Fraunhofer-Institut".*

Wenn gestritten wird über Experten und Gegenexperten, können Sie offensiv herausstellen: die Interessenunabhängigkeit und die internationale Reputation der von Ihnen zitierten Einrichtung. Zitiert Ihr Gegenüber Einzelstudien, so kann ihre Bedeutung relativiert werden:

„Sie wissen doch, dass es heute zu den Risiken der Castor-Transporte Tausende wissenschaftlicher Studien weltweit gibt. Und zwar mit höchst unterschiedlichen Bewertungen der Risiken. Von daher relativiert sich der Wert einer einzelnen Untersuchung..."

Hypothetische Fragen

In vielen Fällen ist dies ein einfacher „Test der Sicherheit". Ihr Gegenüber stellt hypothetische (Wenn-)Fragen, um das Ausmaß Ihrer Selbstüberzeugung zu prüfen und die Überzeugungskraft Ihrer Argumentation dadurch zu erschüttern.

- Beispiel (1) *„Was machen wir mit Ihrem Lösungsvorschlag, wenn sich das Kundenverhalten gravierend ändert?"*
- Beispiel (2): *„Wie würden Sie argumentieren, wenn in der Bundesrepublik ein Super-Gau wie in Tschernobyl passiert? Wären Sie dann auch noch für Kernenergie?"*

Abwehrmöglichkeiten

Bei hypothetischen Fragen ist größte Vorsicht geboten. Wenn Sie unbedacht antworten, akzeptieren Sie „implizit" die falschen Prämissen, die in der Frage stecken. Was können Sie tun:

- Prüfen Sie den Wenn-Satz oder die eingeführte hypothetische Situation auf Ihre Praktikabilität und ihren Realitätsbezug. Zeigen Sie gegebenenfalls, dass die Voraussetzungen der Frage oder des Einwandes unrealistisch oder unwahrscheinlich sind.

  Reaktion zu Beispiel (1):

  „Ihrer Frage liegt eine sehr pessimistische Annahme über die Konjunkturentwicklung zugrunde. Wir stützen uns auf die Prognosen der Wirtschaftsforschungsinstitute und des Sachverständigengutachtens. Demnach..."

  Reaktion auf Beispiel (2):

  „Ein Super-Gau wie in dem Reaktortyp Tschernobyl kann in der Bundesrepublik nicht passieren. Dies hängt mit den unterschiedlichen Sicherheitsstandards zusammen. Bei unseren Reaktortypen..."

- Sie können diplomatisch „Nein" sagen zur Diskussion hypothetischer Fragestellungen und zu konkreten Problemen zurückgehen.

  „Natürlich gibt es wie bei jeder Entscheidung eine Unsicherheit. Darf ich noch einmal im Zusammenhang verdeutlichen, warum dies – im Vergleich zu den Alternativen – der beste Weg ist..."

Heiner Geißler wurde in den 80er-Jahren im Rahmen einer Podiumsdiskussion mit der folgenden Fangfrage konfrontiert: *„Herr Geißler, wie würden Sie eigentlich argumentieren, wenn bei der nächsten Bundestagswahl Rot-Grün die Mehrheit hätte?"* Geißlers Reaktion, die einen großer Lacher im Saal provozierte: *„Verehrter Herr Fragesteller, Ihre Frage liegt in etwa auf dem folgenden Niveau. Wenn Eichhörnchen Pferde wären, könnten wir die Bäume raufreiten. Nun sind Eichhörnchen nachweislich keine Pferde…."*

Mit Sanktionen drohen

Drohungen gehören zu den häufigsten Taktiken bei Verhandlungen. Dieses Mittel ist deshalb so „effizient", weil oft ein paar Worte reichen, um beim Gegenüber Angst zu erzeugen. Und wenn die Drohung wirkt, muss man sie nicht verwirklichen. Die Gefahr liegt allerdings darin, dass eine Drohung schnell eine Gegendrohung provozieren kann. Eine Spirale wird in Gang gesetzt, die zu einer großen Belastung für die persönliche Beziehung werden kann. In einer fairen Verhandlungen verzichten die Beteiligten daher auf Drohungen.

Abwehrmöglichkeiten

Sie können zunächst Drohungen einfach ignorieren, weil sie nicht relevant ist für die sachbezogene Argumentation. Dies ist ja auch ein probates Mittel bei allen unfairen Angriffen, ihnen zunächst keine Aufmerksamkeit zu schenken. Bleiben Sie ruhig und gelassen. Übernehmen Sie die Initiative, indem Sie zum Beispiel

- den Stand des Gesprächs in eigenen Worten zusammenfassen,
- den Partner bitten, Hintergrundinformationen zu geben oder seine wichtigen Argumente noch einmal zu nennen,
- je nach Stand der Verhandlung alternative Vorschläge ins Spiel bringen.

Es stärkt Ihre persönliche Verhandlungsposition, wenn Sie die Qualität Ihrer Besten Alternative (BA) vorher verbessern: *„Was ist meine beste Alternative, wenn die heutige Verhandlung zu keinem Ergebnis führt?"* (siehe hierzu Baustein 11).

Meinungen als fundierte Tatsachen hinstellen

Diese Taktik ist vor allem dann beliebt, wenn Ihr Gegenüber erkennt, dass er die schwächeren Sachargumente hat. Derartige Scheinargumentationen werden häufig durch inhaltsleere Floskeln eingeleitet wie:

> *„Es bedarf keiner weiteren Diskussion, dass..."*
> *„Der Fall liegt doch ganz klar..."*
> *„Es besteht kein Zweifel, dass..."*
> *„Wir können mit Sicherheit davon ausgehen..."*

Floskeln dieser Kategorie finden sich häufig in der politischen Auseinandersetzung, zum Beispiel in Bundestagsdebatten oder TV-Diskussionen.

Abwehrmöglichkeiten

Lassen Sie sich niemals durch den Schein bloßer Rhetorik und leere Worthülsen beeindrucken. Auch wenn diese noch so vollmundig und eloquent vorgetragen werden. Im Diskussionen bieten sich diese Reaktionen an:

- Nennen Sie diese Taktik beim Namen.
- Fordern Sie durch Rückfragen Argumente für die aufgestellten Behauptungen ein. Wer behauptet, ist immer beweispflichtig!

> *„Können Sie mir sagen, wie Sie Ihren Standpunkt begründen..."*
> *„Auf welche Informationsquellen stützen Sie sich..."*

Übertreiben

Ihr Diskussionspartner übersteigert Ihre Aussage (zum Beispiel die Konsequenzen Ihres Lösungsvorschlags) und versucht so, Sie unglaubwürdig oder lächerlich zu machen. Ein an sich vernünftiger Gedanke wird durch phantasievolle Folgerung so übertrieben, dass ein ganz unsinniges Ergebnis dabei herauskommt.

Beispiel: Sie machen dafür stark, dass jedes Kind in der Bundesrepublik ab dem 12. Lebensjahr einen Internet-Führerschein erwerben wollte. Ihr Gegner kontert: *„Was ergibt sich in der letzten Konsequenz. Die Kinder verarmen seelisch. Bits und Bytes werden wichtiger als Erlebnisse im Miteinander und in der Natur. Sie wollen künstliche Welten in den Köpfen derjenigen, die sich nicht wehren können. Ihnen schweben Computer auf zwei Beinen vor. Der Mensch aus der Kommunikationssteckdose. Eine perverse, unmenschliche Welt…".*

Durch phantasievolle Übertreibung wird ein an sich ernst zu nehmender Vorschlag absurd gemacht. In der klassischen Rhetorik nannte man diese Spielart daher: *argumentum ad absurdum.*

Abwehrmöglichkeiten

Sie können diese unfaire Taktik ebenfalls beim Namen nennen. Führen Sie zum Ausgangsproblem zurück und machen Sie sich für eine differenzierte Sicht der Dinge stark. Machen Sie sich vorher den Nutzen Ihres Vorschlage für Ihren Gesprächspartner, für das Unternehmen oder für die Gesellschaft bewusst. Eine dialektische Option besteht auch darin, mit den Chancen und Risiken einer Innovation oder mit dem Worst case und Best case zu argumentieren. Eine mögliche Reaktion auf den Internetkritiker: *„Sie scheinen ein sehr phantasievoller Mensch zu sein. Nur – Ihr Horrorszenario hat mit der Wirklichkeit nichts zu tun. Es muss uns doch darum gehen, unsere Schüler auf die Zukunft vorzubereiten. Und dazu gehört auch der verantwortungsbewusste Umgang mit den Chancen des Internet…".*

Weitere Tricks und Winkelzüge (nach Neuberger)

- Lob, Schmeicheln, Komplimente machen
  Ziel: Psychologische Voraussetzungen schaffen, um bestimmte Sachziele zu erreichen.
- Mit Statussymbolen und Imponiergehabe beeindrucken
  Ziel: Das Selbstwertgefühl des anderen mindern
  Beispiel: Den anderen warten lassen; durch Sitzanordnung Dominanz zeigen; Statussymbole: Größe des Schreibtischs, Ausstattung des Büros, Auto, Uhr, Urlaubsgestaltung, Hobbies.
- Unterbrechungen einbauen und Zeitdruck ausüben
  Ziel: Das Selbstwertgefühl des anderen mindern
  Beispiel: Der Vorgesetzte lässt sich während des Gesprächs ein Telefonat hereinlegen oder von der Sekretärin wichtige Meldungen hereinreichen.
- Schwächen ausnutzen
  Ziel: Das Selbstwertgefühl des anderen mindern
  Beispiel: Man weiß von fachlichen Defiziten oder persönlichen Schwachstellen und reitet auf diesen Punkten herum, um den anderen zu verunsichern und ihn zum Einlenken zu bringen.
- Den Gesprächspartner vor anderen schlecht aussehen lassen
  Ziel: Das Selbstwertgefühl des anderen mindern
  Beispiel: Der Vorgesetzte verletzt bewusst das „Vier-Augen-Prinzip", um taktische Ziele zu erreichen.
- Monologe halten
  Jemand monopolisiert das „Gespräch" und verweist den anderen dadurch in die Rolle des Untertänigen, des Passiven, des Unmündigen. Dieses Verhalten zeigt sich oft bei Führungskräften mit starkem Prestige- und Profilierungsbedürfnis, aber auch dann, wenn man den anderen „mit Gewalt" einsichtig machen will. Denken Sie auch an Diskussionen mit Laien: Sie wollen jemandem (durchaus in guter Absicht) einen schwierigen Sachzusammenhang erklären und vergessen hierbei, dass das Gesprächsklima durch Ihr Dauerreden Schaden nimmt und die Aufnahmebereitschaft der Zuhörer überfordert wird. In Besprechungen und Konferenzen gehört diese Spielart zu den gängigen Ritualen.

- Nebelwerfer- oder Verwirrungstaktik
  Das Thema wird plötzlich gewechselt, Definitionen werden breit diskutiert; wenn es um die Lösung von konkreten Problemen geht oder ein Lösungsvorschlag bereits erarbeitet wurde, konstruiert jemand spitzfindige Gegenbeispiele oder argumentiert mit schlechten Erfahrungen, die anderswo gemacht worden sind.
- Mit formalen Tricks ausbooten
  Wenn man auf der Sachebene seine Ziele nicht erreichen kann, wird hierbei behauptet, dass bestimmte Dinge jetzt gar nicht zur Debatte stünden, dass eigentlich jemand anderes zuständig sei, dass die Vorbereitungszeit für dieses komplizierte Thema zu kurz gewesen sei, dass noch Gespräche mit Fachleuten geführt werden müssten usw. Diese Tricks arbeiten auf Zeitgewinn und auf Ausklammerung unangenehmer Themen.

Vom Umgang mit Störungen/Störern

Was tun bei Zwischenrufen?

- Überhören.
- Geistvoll entgegnen, ggf. durch vorbereitete Redewendungen:
  „Dazu habe ich schon Besseres gehört …"
  „Warten Sie nur ab, dazu hören Sie noch deutliche Worte …"
  „Seien Sie nicht voreilig, es kommt noch besser" (spöttelnd).
- Sie reden weiter und erwidern später, wenn Ihnen danach ist.
- Lassen Sie sich nicht provozieren, auch nicht durch Reizworte.

Was tun bei kleinen Störungen?

- Fragen Sie einen Teilnehmer zur Sache:
  „Offenbar sind da noch offene Fragen, würden Sie bitte Ihre Frage formulieren!" Dann kurze Pause … .
- Lassen Sie ggf. über das vorgebrachte Thema abstimmen.
- Appell an die Spielregeln der Veranstaltung (selbst oder über den Leiter der Veranstaltung).

Was tun bei massiven Störungen?

- Leiter der Veranstaltung muss eingreifen.
- Wichtig ist, dass zu Anfang die Verfahrensweise/das Regelwerk angesprochen wird. So hat man später ein Kriterium bei Störungen:

  „Wir hatten uns doch darauf verständigt, 45 Minuten auf dem Podium zu diskutieren und dann erst in Aussprache mit dem Publikum zu gehen".

- Wenn nichts mehr geht, bleibt nur die Entscheidungsfrage:

  „Entweder wir halten uns an ein gewisses Regelwerk oder wir brechen die Veranstaltung ab." Vorsicht: Dies könnte auch als Fluchtverhalten interpretiert werden.

Baustein 10

Baustein 10
Präsentationen

Es ist ein Beweis der Bildung,
die größten Dinge auf die einfachste Art zu sagen.
Ralph Waldo Emerson

Im schärfer werdenden Wettbewerb ist eine professionelle Präsentationstechnik unverzichtbar. Wer Erfolg haben will, muss fähig sein, seine Ideen, Produkte und Leistungsangebote überzeugend darzustellen: In der Neuakquisition und beim Altkunden genauso wie bei Tagungen, Seminaren und Kongressen. Bei den meisten Präsentationsanlässen ist die Darstellung über Notebook und Beamer „State of the Art". Die Präsentationserfolge bleiben jedoch sehr oft hinter den gesteckten Zielen zurück. Dieser Baustein zeigt Ihnen, wie Sie Qualität und Wirkungsgrad Ihrer Computerpräsentationen fördern und die Klippen bei Computerpräsentationen umgehen können.

Behandelt werden die Themen

- Chancen und Risiken der Computerpräsentation
- Kundenorientierte Vorbereitung
- Strukturierung der Präsentation
- Schaubilder und Ablauf von Bildschirmpräsentation optimieren
- Überzeugende Durchführung
- Tipps zur Nachbereitung
- Exkurs: Computereinsatz im Verkaufsgespräch

Chancen der Computerpräsentation

Sinnvoll eingesetzt bietet Multimedia die Möglichkeit, mehr Aufmerksamkeit zu wecken, die Kernbotschaft nachhaltiger zu verankern, Realität in einem hohen Maß an Echtheit abzubilden und die eigene Kompetenz und Überzeugungswirkung „unterschwellig" zu verstärken. Besondere Chancen sind bei Firmen- und Produktpräsentationen gegeben, wenn

- Kernkompetenzen, Referenzobjekte und Leistungsangebote aus dem Hightech-Bereich (Software, IT, Telekommunikation usw.) darzustellen sind,
- technische Prozesse und Funktionsabläufe oder geplante, zukünftige „Wirklichkeiten" durch Animation, Simulation oder virtuelle Darstellung anschaulich zu machen sind,
- komplexe Bildschirminhalte Schritt für Schritt aufgebaut werden sollen (z.B. Flussdiagramme, Portfolioanalysen, komplizierte Schaubilder oder Netzpläne),
- Bildschirminhalte (Software, Layout, Internetseiten, Diagramme u.ä.) im Dialog mit dem Kunden weiterzuentwickeln sind,
- im internationalen Geschäft Präsentationsseiten kurzfristig und kundenspezifisch zu gestalten oder zu aktualisieren sind,
- Text, Fotos, Schaubilder und Grafiken mit dynamische Elementen (z.B. Animation, Video- und Audioclips, Simulation) verknüpft werden sollen.

Darüber hinaus ist die computergestützte Darstellung auch bei anderen Anlässen wie Fachkongressen, Konferenzen, Verkaufstagungen oder Schulungen sinnvoll oder gar zwingend, wenn während der Präsentation

- ins Internet oder ins Intranet verzweigt werden soll,
- Daten- und Abläufe zu verändern oder zu aktualisieren sind,
- spezielle Fragen auftauchen, die unter Zugriff auf eine Datenbank, CD-Rom oder DVD beantwortet werden sollen,
- entfernte Personen (z.B. durch Videokonferenz) an der Präsentation zu beteiligen sind,
- digitale Peripheriegeräte wie Foto-, Video-, Desktopkamera oder digitale Whiteboards für angestrebte Präsentationsziele genutzt werden sollen.

Auch wenn Ihre PowerPoint-Präsentationen in erster Linie Textcharts, Fotos und einfache Schaubilder beinhalten, lohnt es sich, über Möglichkeiten zur Qualitätsverbesserung nachzudenken.

Risiken der Computerpräsentation

Die faszinierenden Möglichkeiten von Multimedia verführen oft dazu, den Computer unüberlegt einzusetzen. Negative Konsequenzen sind häufig die Folge: Der Vortragende wird durch zu viel Technik in den Hintergrund gedrängt und die Zuhörer bleiben passiv. Der Frontalvortrag erschwert es, eine persönliche Beziehung zum Kunden aufzubauen. Nachteilig wirken darüber hinaus: zu lange und gleichförmige PC-Präsentationen, übertriebene Animationen und Effekthascherei, elektronische „Folienschlachten", Power-Point-„Einheitsbrei" sowie persönliche Unsicherheiten beim Einsatz neuer Medien.

Risiken der Computerpräsentation auf einen Blick

- Der Vortragende tritt in den Hintergrund
- Ihre Zuhörer bleiben passiv
- Ablenkende Effekte
- Computer passt nicht zum Szenario
- Computer passt nicht zur eigenen Persönlichkeit
- Risiko technischer Pannen

Der Vortragende tritt in den Hintergrund

Bewegte Bilder, farbige Charts und Videoeinschübe können die Aufmerksamkeit der Zuhörer so stark in Anspruch nehmen, dass der zwischenmenschliche Kontakt auf der Strecke bleibt. Wer sich als Präsentator mehr auf die Technik als auf den Kunden konzentriert, kann seine wichtige Rolle als Beziehungsmanager nicht ausreichend wahrnehmen: Er beraubt sich der Möglichkeit, persönlichen Kontakt zu seinen Zuhörern, insbesondere zu Schlüsselpersonen, informellen Führern und Entscheidern, aufzubauen und weiterzuentwickeln. Dabei werden diese „weichen" Faktoren umso wichtiger, je weniger sich die präsentierten Produkte von konkurrierenden Angeboten unterscheiden.

Ihre Zuhörer bleiben passiv

Multimedia-Präsentationen werden in der Regel frontal vorgetragen. Je länger die frontale Darbietung dauert, umso eher werden die Zuhörer in eine passive Haltung gedrängt. Im ungünstigsten Fall reagieren sie mit Abbruchgedanken oder Desinteresse. Diese Reaktion ist vor allem dann wahrscheinlich, wenn die Computerpräsentation an den Erwartungen der Adressaten vorbeigeht, gleichförmig konzipiert ist und kaum Gelegenheit zur Interaktion gegeben ist.

Ablenkende Effekte

Die eigentliche Botschaft darf nicht von zu starken Effekten, die sachlich nicht gerechtfertigt sind, überlagert werden. Dazu gehören extreme Animationen (Rennwagen-, Lasereffekte u. ä.), 3-D-Diagramme, verschiedenartige Überblendeffekte, zu viele Schriftgrößen und Farben, ein unruhiger Hintergrund, zu viele Stimulanzien oder zu lange Videosequenzen.

Computerpräsentation passt nicht zum Szenario

Die Medienfrage kann nicht losgelöst vom konkreten Anlass der Präsentation geklärt werden. Prüfen Sie daher immer, inwieweit eine Computerpräsentation zu den Zielen, Inhalten und den Besonderheiten Ihrer Zuhörerschaft passt. Eine Multimedia-Vorführung ist beispielsweise nur begrenzt geeignet, wenn Sie im Dialog mit dem Kunden Probleme analysieren und Lösungskonzepte weiterentwickeln wollen oder wenn die Präsentation nur wenige Minuten dauert, was den Aufwand einer elektronischen Darstellung nicht rechtfertigt.

Computerpräsentation passt nicht zur eigenen Persönlichkeit

Besser eine brillante Präsentation am Flip-Chart oder am Tageslichtprojektor als eine dilettantische Darbietung am Computer. Das eingesetzte visuelle Medium muss zur Persönlichkeit des Präsentators passen. Das entscheidende Kriterium bleibt in jedem Fall, das Auditorium zu überzeugen. Falls der Computereinsatz unumgänglich ist, kommt auch eine Teampräsentation in Frage, um das rhetorische Können der einen Person mit den multimedialen Fähigkeiten der anderen zu verbinden.

Risiko technischer Pannen

Erfahrungsgemäß steigt beim Einsatz elektronischer Medien die Zahl der Sollbruchstellen: Der Computer kann abstürzen, Dataprojektor oder Infrarotmaus können ausfallen. Für Ungeübte bereitet es Schwierigkeiten, eine bestimmte Folie aufzurufen oder ins Internet zu verzweigen. Bei Kundenpräsentationen kommt hinzu, dass man die Besonderheiten des Konferenzraumes häufig nicht kennt und Kompatibilitätsprobleme auftreten können.

Kundenorientierte Vorbereitung

Eine gute Vorbereitung ist unverzichtbar, um eine maßgeschneiderte Präsentationsstrategie zu finden, Wahl und Einsatz der Medien zu optimieren und schwierige Situationen bei der Durchführung zu meistern. Sorgfalt und Gründlichkeit im Vorfeld wichtiger Veranstaltungen zahlen sich immer aus. Da die Vorbereitung bereits im Baustein 1 behandelt wurde, haben wir uns hierunter auf die Besonderheiten der Computerpräsentation konzentriert.

Konsequente *Kundenorientierung* sollte den gesamten Präsentationsprozesses begleiten. Schlechte Präsentationen sind häufig darauf zurückzuführen, dass man ohne Kunden- und Situationsanalyse mit der Erarbeitung oder Zusammenstellung der Bildschirmdarstellung beginnt. Besonders risikoreich ist es, vorgefertigte Firmen- und Produktpräsentationen zu zeigen, ohne den konkreten Bedürfnissen und Erwartungen des Kunden Rechnung zu tragen.

Kunden- und Situationsanalyse

Vorinformationen über die „Welt" des Kunden bieten Ihnen wertvolle Kriterien, um die Inhalte bedarfsgerecht auszuwählen, das Vortragsniveau festzulegen und die passenden Medien zu finden. Nutzen Sie zur Beantwortung der folgenden Fragen alle verfügbaren Informationsquellen (insbes. Online-Recherche; Customer Relationship Management; persönliche Gespräche mit dem Kunden und erfahrenen Kollegen):

- In welcher Situation werde ich präsentieren? (Teilnehmer? Anzahl? Namen? Hierarchie? Ressort?)
- Welche Erwartungen und Ziele hat der Kundenkreis (Probleme und Schwierigkeiten? Entscheidungskriterien? Besonders wichtige Produktmerkmale?
- Auf welche Rahmenbedingungen muss ich mich einstellen? (Raumausstattung? Ablauf und Tagesordnung? Zeitliche Vorgabe? Kundenkontaktpunkte vor und nach der Präsentation?
- Welche Vorkenntnisse und Einstellungen haben die Zuhörer? Welche Fachbegriffe und Inhalte muss ich erklären? Mit welchen Einwänden und mit welcher Kritik muss ich rechnen?
- Wie stehen die Zuhörer zu mir und zu unserem Unternehmen? Gibt es Gemeinsamkeiten oder positive Projekte der Vergangenheit, an denen ich anknüpfen kann? Welche Themen eignen sich für informelle Gespräche im Umfeld der Veranstaltung?

Strukturierung der Präsentation

Sie haben die relevanten Inhalte (Fakten, Zahlen, Argumente, Beispiele usw.) zusammengetragen und aufbereitet. Nun geht es darum, den Aufbau Ihrer Präsentation zu entwickeln. Wie beginnen Sie, wie gliedern Sie den Hauptteil und wie gestalten Sie den Schluss Ihrer Präsentation?

Bei einer Computerpräsentation ist es ratsam, mit der Strukturierung des Hauptteils zu beginnen, weil dieser das Kernstück jeder Präsentation darstellt. Dann geht es insbesondere darum, den Schlussteil zu gestalten und hier die Kernaussagen noch einmal zusammenzufassen. Im dritten Arbeitsschritt widmen Sie sich dem Einstieg.

Einleitungsteil

Der einleitende Teil ist darauf gerichtet, Aufmerksamkeit zu wecken, einen guten Kontakt zu den Zuhörern herzustellen, in das Thema einzuführen und klare Orientierungen zum Ablauf der Veranstaltung zu geben. Vermeiden Sie es, zu Anfang bereits Kerninformationen zu vermitteln.

Zur Einleitung gehören diese Elemente:

Merkpunkte für die Einleitung

1. Zuhörer begrüßen
2. Sich selbst vorstellen (falls notwendig)
3. Zündender Einstieg („attention spot")
4. Thema und Ziel der Präsentation nennen
5. Informationen zum Ablauf der Präsentation geben (Gliederung, Ablauf, Dauer …)

In den Übungspräsentationen meiner Seminare zeigen sich immer wieder Verbesserungsmöglichkeiten bei den Punkten Vorstellung, zündender Einstieg, Informationen zum Ablauf:

Vorstellung. – Nutzen Sie diese Gelegenheit, um Kompetenzsignale zu setzen, insbesondere, wenn Sie als Berufsanfänger vor sehr erfahrenen (älteren) Gremien sprechen. Auch weibliche Führungskräfte, die nicht selten mit Vorurteilen zu kämpfen haben, sind gut beraten, indirekt auf die eigene Kompetenz hinzuweisen: Sagen Sie Ihren Zuhörern in knappen Worten, inwieweit Sie mit dem Thema befasst sind und was ihr Verantwortungsbereich ist. Gehen Sie dabei taktisch klug vor. Wenn Sie erst seit kurzem die Projektverantwortung haben, wäre es psychologisch ungeschickt, dies bei der persönlichen Vorstellung anzusprechen. Bereiten Sie sich ein Modul „Persönliche Vorstellung" in der Länge von etwa 20 Sekunden vor, das Sie bei Bedarf abrufen können.

Zündender Einstieg. – Zwei Alternativen stehen hier zur Verfügung: Sie können einen Aufhänger benutzen, um Aufmerksamkeit zu wecken oder unmittelbar ins Thema einsteigen. Für welche der folgenden Möglichkeiten Sie sich auch entscheiden: Sie sollten sich von dem A-A-A-Prinzip (Mach es anders als andere!) leiten lassen. Hier Ideen für motivierende Aufhänger:

- Einige Worte zur *Bedeutung des Themas:* „Bei meinem letzten Messebesuch war eine Tendenz nicht zu übersehen..."
- Ein *Nutzenversprechen:* „Können Sie sich vorstellen, durch professionelle Besprechungstechnik 30 Prozent der Zeit zu sparen?..."
- Eine *(verblüffende) Frage:* „Können Sie sich eine Technologie vorstellen, mit der das gesamte Weltwissen auf der Fläche eines Fingernagels gespeichert werden kann? Es gibt sie. Speichern im Nano-Bereich lautet das faszinierende Thema:..."
- Eine *provozierende These:* „Ein Supergau an den Börsen kann die Weltwirtschaft aus den Angeln heben..."
- Als Aufmerksamkeitswecker kommen weiterhin in Frage
  - Cartoons, Zitate, Sinnsprüche u. a. Stimulanzien,
  - situative Bezüge (Sie knüpfen zum Beispiel an einem Vorredner an),
  - eine Neuigkeit im Bild,
  - Anekdote, ein persönliches Erlebnis.

Wenn Sie vor Entscheidungsgremien präsentieren, ist es ratsam, einen sachbezogenen Einstieg zu wählen. Steigen Sie unmittelbar ins Thema ein und betonen Sie zum Beispiel dessen Bedeutung für die Zukunft. Anders ist die Erwartungshaltung in der Regel bei Fachtagungen, Kongressen oder Vertriebstagungen, wo Sachinformation *und* Unterhaltung gefragt sind (Infotainment). Professionelle Redner kennen ihre Wow-Effekte, um ein Auditorium zu fesseln.

Informationen zum Ablauf. – Zur Einleitung gehört schließlich eine gut lesbare Gliederung auf Flip-Chart oder auf einem anderen Dauermedium. So hat jeder Teilnehmer die Gesamtstruktur während der Präsentation vor Augen. Bei Bildschirmpräsentationen können Sie alternativ die Gliederung mehrfach einblenden oder mit der Navigationsleiste arbeiten.

Hauptteil strukturieren

Ein wichtiges Qualitätskriterium für Präsentationen ist eine klare und nachvollziehbare Gliederung der Inhalte, die es dem Zuhörer ermöglicht, die präsentierten Inhalte leicht aufzunehmen und zu verstehen. Er muss den „roten Faden" erkennen können. Achten Sie daher bei der Erarbeitung Ihres Präsentationskonzepts darauf, dass

* die einzelnen Abschnitte logisch gegliedert sind,
* die Gliederung verständlich und zielwirksam ist,
* die Kernbotschaft erkennbar ist,
* die Anzahl der Gliederungspunkte übersichtlich bleibt (Faustregel: drei, maximal fünf deutlich unterscheidbare Unterpunkte).

Allgemeingültige Empfehlungen für den Aufbau des Hauptteils existieren nicht. Dafür sind die Themen, Zielsetzungen und Situationen zu unterschiedlich. Die in Baustein 5 zitierte Problemlösungsformel lässt sich – leicht modifiziert – als Strukturplan bei vielen Präsentationsanlässen verwenden:

Die Problemlösungsformel

1. Situation und Problem analysieren
2. Negative Konsequenzen aufzeigen (bei „Untätigkeit)
3. Ziel definieren (Worauf es ankommt…)
4. Lösungsvorschlag
5. Operative Schritte

Erläuterung:

1. *Situation und Problem analysieren*
   Die meisten Präsentationen beginnen mit der Darstellung eines Defizits, eines Bedarfs, einer unbefriedigenden Situation, einer Soll-Ist-Abweichung – kurz mit einem Problem. Dieses wird zusammen mit der Ausgangssituation analysiert.

2. *Negative Konsequenzen aufzeigen*

   Ausgehend vom dargestellten Problem wird aufgezeigt, was passiert, wenn man untätig bleibt. Beispiel: Die Vertriebsmannschaft Ihres Unternehmens ist unzureichend mit neuen Medien ausgerüstet. Falls keine Aktionen ergriffen werden, könnten dies die negativen Folgen sein: sinkendes Image beim Kunden, zurückgehende Motivation der Vertriebsleute sowie auf lange Sicht Wettbewerbsnachteile, da die Schere zu den Mitbewerbern, die die Chancen der Neuen Medien nutzen, immer größer wird.

3. *Ziel definieren*

   Das Ziel lässt sich definieren als Verringerung oder Beseitigung des Ausgangsproblems. Je nach Szenario kann es notwendig sein, die Zieldimensionen weiter zu konkretisieren, und zwar hinsichtlich Inhalt, Ausmaß und Zeitbezug.
   - *Zielinhalt* heißt: Was wird angestrebt?
   - *Zielausmaß* heißt: Welcher Grad der Zielerreichung wird angestrebt?
   - *Zeitbezug* heißt: In welchem Zeitraum soll das Ziel/Teilziel erreicht werden?

4. *Lösungsvorschlag*

   Hierbei geht es um die Darstellung des Lösungsvorschlags einschließlich der Nutzen-Argumentation und der Erklärung relevanter Details.

5. *Operative Schritte*

   Diese Phase hat konkrete Schritte zur Umsetzung des Lösungsvorschlags zum Gegenstand. *Wer tut was bis wann und wie?* ist hier die leitende Frage.

Schlussteil strukturieren

Es empfiehlt sich, die Kernbotschaft in Form eines griffigen, einprägsamen Fazits zusammenzufassen. Dies kann zum Beispiel ein Textchart sein, auf dem Sie die wesentlichen Produktmerkmale und Nutzenargumente zusammenfassen. Es gibt weitere dramaturgische Möglichkeiten zur Aufwertung des Schlussteils Ihrer Präsentation. Sie können einen Spannungsbogen aufbauen, indem Sie

- den Einstiegsgedanken wieder aufgreifen,
- mit einem Zitat schließen, das als Gegenstück zu einem Zitat in der Einleitung gedacht ist,
- ein Cartoon (eine Karikatur) zeigen, der als Gegenstück zu einem Cartoon in der Einleitung fungiert oder zum Beispiel
- die provozierende Einstiegsfrage beantworten.

Merkpunkte für den Schlussteil

- Knappe Zusammenfassung der Kernaussagen
- Gegebenenfalls auflockernde Elemente
- Ein Appell oder Ausblick
- Überleitung in die Diskussion

Schaubilder und Ablauf der Bildschirmpräsentation optimieren

Das inhaltliche Konzept bildet die Grundlage zur Visualisierung. Überlegen Sie bei jedem Chart, ob dieses aus der Sicht des Zuhörers einen Nutzen bringt und für Ihre Präsentationsziele wirklich zielführend ist. In vielen Fällen können Sie überladene und sehr detaillierte Charts in die Tischvorlage nehmen, sodass Sie nur eine begrenzte Zahl von Kernbotschaften visualisieren. Wie auch immer Ihre Strategie aussieht, bedenken Sie mindestens die folgenden Merkpunkte:

Gestalten Sie die Charts „hirngerecht"

Diese allgemeinen Gestaltungskriterien gelten für Bildschirmdarstellungen und Overheadfolien genauso wie für Anschriebe am Flip-Chart:

- Eine Aussage pro Folie
- Aussagefähige Überschrift (als „action title")
- Maximal sieben Zeilen pro Textchart

- Schlüsselworte statt Sätze
- Kernbotschaft in der Mitte
- 30 Prozent der Folie freilassen
- Lesbarkeit für alle Zuhörer sichern
- Seriöser Farbeinsatz/Kontraste maximieren

Allgemein gilt: So einfach wie möglich, so wenig wie möglich,
so lesbar und so übersichtlich wie möglich!

Begrenzen Sie die Anzahl der Bildschirmseiten

Weil man auf Knopfdruck – also mit wenig Energieaufwand – Charts ein- und ausblenden kann, verführen Computerpräsentationen dazu, die Zuhörer zu überfordern. Ihre Zuhörer müssen eine Chance haben, die präsentierten Folieninhalte aufzunehmen und zu verarbeiten. Zu viele Folien bringen die Gefahr mit sich, dass es bei den Zuhörern zu Gedächtnishemmungen kommt. Versuchen Sie daher, die Menge der Folien zu begrenzen. Weniger ist im Zweifel mehr! Faustregel: Ein Chart mittlerer Informationsdichte in etwa 90 Sekunden. Den Zeitbedarf für einzelne Charts und die Präsentation insgesamt können Sie zuverlässig einschätzen, wenn Sie vorab Ihre Bildschirmpräsentation eins zu eins simulieren und dabei die Zeit kontrollieren.

Sichern Sie die Aufmerksamkeit der Zuhörer

Gleichförmige Charts, monotone Animationen, identische Reize langweilen die Zuhörer. Es fördert die Aufmerksamkeit, wenn Sie zum Beispiel:

- Text mit relevanten Bildinformation verknüpfen (z. B. mit Fotos, kurzen Videoclips oder andere Stimulanzien),
- nicht mehr als zwei Textfolien hintereinander zeigen und Animationseffekte sparsam einsetzen,
- nur *einen* Übergangseffekt wählen, mit dem Sie die Folie Ihrer Bildschirmpräsentation einzublenden,

- an bestimmten Stellen Ihrer Bildschirmshow interaktive Phasen einfügen (für Verständnisfragen, Erfahrungsaustausch oder Diskussionen),
- komplexe Bilder durch Animation Schritt für Schritt aufbauen und dadurch AHA-Erlebnisse beim Zuhörer sichern,
- ein anderes Medium zwischendurch einsetzen (z.B. Flip-Chart oder Whiteboard) oder in einem rein verbalen Teil beispielsweise eine Anekdote oder persönliche Erfahrungen vortragen.

Die übliche Durchschnittsrede würde
sehr viel mehr Anklang finden, wenn sie
durch menschlich interessierende Geschichten
bereichert würde.
Dale Carnegie

Bereiten Sie eine ausführliche Tischvorlage (Handout) vor

Es fördert die Überzeugungswirkung Ihrer Präsentation und hilft Missverständnisse zu vermeiden, wenn Sie eine professionelle Tischvorlage erstellen. Übernehmen Sie die im Vortrag verwendeten Charts inhaltsgleich in die Unterlagen. Der Kunde sollte spüren, dass die Unterlage individuell für ihn und für diesen speziellen Anlass entwickelt wurde. Verteilen Sie Ihr Handout möglichst nach der Präsentation, weil die Zuhörer sonst abgelenkt sind durch Blättern und Lesen, während Sie vortragen.

Drucken Sie die Gliederungsansicht der Folien aus

Während der Präsentation benötigen Sie einen „Spickzettel", um die nächste Folie anmoderieren und bei Bedarf auf ein spezielles Chart zurück- oder vorspringen zu können.

Als Spickzettel kommen beispielsweise Minifolien als Handzettel oder ein Ausdruck der Gliederungsübersicht der Folien in Frage. So können Sie mit einem Blick die Nummer der Folien erkennen und leicht auf eine Folie Ihrer Wahl springen. Beispiel: Sie können während einer PowerPoint-Präsentation die Folie Nummer 5 dadurch aufrufen, dass Sie die Ziffer 5 eintippen und die Entertaste drücken!

Stichwort-Konzept

Wenn Sie häufig präsentieren, werden Sie ohne Stichwortzettel und Manuskript auskommen. Für unerfahrene Vortragende ist es ratsam, ein Stichwortkonzept anzufertigen. Es empfiehlt sich dabei, den Einleitungs- und Schlussteil auszuformulieren. So haben Sie zwei „psychologische Sicherheitszonen" für alle Fälle.

Merkpunkte für die Gestaltung des klassischen Stichwortkonzepts:

- Als Format hat sich DIN A 5 im Querformat bewährt,
- helles, am besten weißes/festes Papier verwenden,
- Zettel einseitig beschriften mit Ecknummerierung,
- Wichtiges hervorheben durch Farben, Sperren, Großschreiben usw.,
- ausreichend breiten Raum lassen, um bis zum Schluss neue Gedanken einfügen zu können,
- Faustregel: ein Blatt für 2–3 Minuten,
- Übersichtlichkeit und Lesbarkeit sichern/zweizeiliger Abstand,
- Zweiteilung des Stichwortkonzepts ist sinnvoll (siehe Grafik).

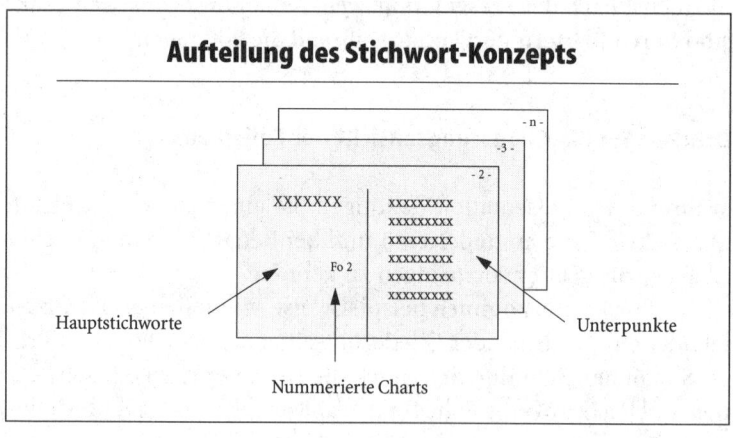

Checken Sie die Ausstattung des Präsentationsraumes

Prüfen Sie jedes Medium vorab auf technische Funktionstüchtigkeit und machen Sie sich mit dem „Handling" vertraut:

- Die dargestellten Inhalte müssen für alle im Raum lesbar sein.
- Sie sollten zu jedem Zuhörer Blickkontakt halten können.
- Sprechen Sie nie zu den „Medien", sondern zu den Menschen, die Sie überzeugen wollen.
- Reisen Sie bei externen Präsentationsanlässen früh genug an, damit Sie in Ruhe die technischen Hilfsmittel herrichten können.

Überzeugende Durchführung

Sie haben Ihre Computerpräsentation sorgfältig vorbereitet. Der Präsentationsraum ist wunschgemäß präpariert. Die Bildschirmdarstellung ist optimiert. Sie wissen aufgrund Ihrer Probevorträge und Übungen, dass Sie die Präsentation in der vorgegebenen Zeit schaffen und das Handling der elektronischen Medien beherrschen. Dadurch besitzen Sie die notwendige Sicherheit, Ihre Computerpräsentation überzeugend zu „verkaufen".

Inwieweit Ihre Präsentation aus Kundensicht überzeugend erscheint, hängt von Ihrem Auftreten, vom inhaltlichen Konzept, der medialen Unterstützung und Ihrem interaktiven Verhalten ab, das

---

Tipps zur Durchführung im Überblick

- Erst der Mensch – dann die Technik
- Halten Sie Blickkontakt zum Auditorium
- Präsentieren Sie überzeugend und glaubwürdig
- Bleiben Sie flexibel
- Sichern Sie die Aufmerksamkeit der Zuhörer
- Inszenieren Sie Ihre Folien
- Nutzen Sie eine Fernbedienung
- Kontrollieren Sie die Zeit während des Vortrags
- „Notprogramme" bei technischen Pannen

Sie vor, während und nach der Präsentation zeigen. Wir ergänzen im Folgenden die grundsätzlichen Empfehlungen zur Persönlichkeit und Rhetorik (Bausteine 2 und 3). Dort finden Sie auch differenzierte Hilfen zum Umgang mit Lampenfieber.

Spezielle Hinweise zur Durchführung von Computerpräsentationen:

- *Erst der Mensch – dann die Technik*

  Zu Anfang einer multimedialen Präsentation sollte der persönliche Kontakt zum Zuhörer und nicht die Technik im Mittelpunkt stehen. Sie fördern „unterschwellig" Ihre Überzeugungswirkung, wenn Sie in der Einstiegsphase in der Mitte *vor* dem Referententisch und dem Projektor stehen. Dieses Signal lässt Sie offen und sicher erscheinen, weil keine Barriere zwischen Ihnen und dem Auditorium vorhanden ist. Nach der Begrüßung und den einleitenden Worten können Sie zum Flip-Chart gehen, um die vorbereitete Agenda zu enthüllen und zu erläutern. Dann wechseln Sie den Standort und beginnen mit Ihrer Bildschirmpräsentation. Während der Einleitung können Sie das Titelchart Ihrer Computerpräsentation eingeblendet lassen, sozusagen als Hintergrund für Ihre Einleitung.

- *Halten Sie Blickkontakt zum Auditorium*

  Dies fällt relativ leicht, wenn Sie stehend präsentieren. Mit Hilfe einer Fernbedienung (Infrarot- oder Funkmaus) können Sie sich frei im Raum bewegen. Dies fördert die Aufmerksamkeit der Zuhörer und eröffnet mehr Spielraum für Dramaturgie und Medienwechsel. Falls Sie die Tastatur des Notebooks benötigen, ist es ratsam, seitlich sitzend zu präsentieren. Hierbei können Sie einen Großteil der Zuhörer ansehen und gleichzeitig das projizierte Bild kontrollieren.

- *Präsentieren Sie überzeugend und glaubwürdig*

  Einschlägigen Untersuchungen zufolge wird man beim Kunden dann einen überzeugenden Eindruck hinterlassen, wenn man sicher, positiv und seriös auftritt, als vorbereitet und kompetent erscheint, ein kundengerechtes Sprachniveau wählt, die Inhalte rhetorisch wirkungsvoll vorträgt, selbst hinter den Produkten steht, sympathisch und teamfähig wirkt und mit Einwänden und Kritik der Zuhörer wertschätzend umgeht (siehe Bausteine 2 bis 4).

- *Bleiben Sie flexibel*

Auch wenn Sie eine Darstellung am Bildschirm gut ausgearbeitet haben, können Sie niemals mit Gewissheit sagen, wie Ihre Zuhörer darauf reagieren werden. Stellen Sie sich daher auf neue Situationen und Wünsche Ihres Auditoriums flexibel ein. Beispiel: Ihre Zuhörer haben Verständnisfragen oder wollen eigene Beiträge einbringen. In dieser Situation sollten Sie in der Lage sein, die elektronische Präsentation zu Gunsten des Dialogs zu unterbrechen. Sie können hierbei die Black-Screen-Funktion des Beamers (Fernbedienung) oder eine Schwarzfolie nutzen, die Sie unter einer bestimmten Foliennummer ansprechen. Alternativ können Sie die Taste B oder . drücken, um einen schwarzen Bildschirm zu erhalten. Durch erneutes Drücken kehren Sie zur Bildschirmpräsentation zurück.
Ihre Flexibilität ist zudem immer dann gefordert, wenn sich die Rahmenbedingungen kurzfristig ändern. So kann es vorkommen, dass die Präsentationszeit gekürzt wird oder dass sich das Auditoriums anders zusammensetzt als angekündigt. Vorher definierte Präsentationspfade und Hyperlinks ermöglichen Ihnen, auf Folien zu springen, die nach Ihrer Einschätzung besonders wichtig sind und die zu der veränderten Situation passen.

- *Sichern Sie die Aufmerksamkeit der Zuhörer*

Je länger Ihre frontale Multimediapräsentation dauert, umso eher werden die Zuhörer in eine passive Haltung gedrängt. Im ungünstigsten Fall reagieren sie mit Abbruchgedanken oder Desinteresse. Verfahren Sie daher bei einer längeren Bildschirmpräsentation nach dem Schema:
Präsentationsblock (bis zu 15 Min.) – Diskussion – Präsentationsblock – Diskussion usw. Falls Sie während der Präsentation

Signale wahrnehmen, die auf Abbruchgedanken oder „innere Kündigung" des Kunden hindeuten, sollten Sie in jedem Fall in die Interaktion gehen und Verständnisfragen, Einwände sowie sonstige Beiträge des Auditoriums aufarbeiten. Insgesamt können Sie die Aufmerksamkeit der Zuhörer wecken und erhalten, indem Sie

- attraktiv einsteigen,
- den Kundennutzen verdeutlichen,
- die Zuhörer beteiligen,
- den Standort und die Medien wechseln und
- rhetorische Mittel einsetzen.

Inszenieren Sie Ihre Folien

Weil man auf Knopfdruck, also mit wenig Energieaufwand, Charts ein- und ausblenden kann, verführen Bildschirmpräsentationen dazu, die Zuhörer zu überfordern. Gewöhnen Sie sich daran, Computercharts wie auch Overheadfolien und Dias zuhörergerecht anzukündigen, kurz wirken zu lassen und erst dann zu erklären. Das Vorgehen im Einzelnen:

1. Bild ankündigen: „Zur Verdeutlichung... hier ein Diagramm..." Erst danach:
2. Bild einblenden – Kleine Pause, damit die Zuhörer sich orientieren können.
3. Folie erklären. – Bei Bedarf Zeigehilfe einsetzen.
4. Reaktion der Zuhörer beachten/ggf. Fragen zulassen.
5. Projektor ausschalten, außer bei einer Folge von Bildern.

Nutzen Sie eine Fernbedienung

Um wesentliche Punkte hervorzuheben, kommen hauptsächlich folgende Varianten in Frage: *Fernbedienung* (Infrarot-Maus oder funkgesteuerte Maus mit integriertem Laserpointer). *Laserpointer,* falls Sie sitzend präsentieren. Wenn Sie mit dem *Mauszeiger* markieren, wirkt dies ruhiger als ein Laserpointer.

Tipp: Es ist schwierig, mit dem Laserpointer einen fixen Punkt zu markieren. In der Regel wackelt und zittert dieser Leuchtpunkt. Lampenfieber mag dies noch verstärken. Umkreisen Sie daher die Information, die Sie erklären wollen und schalten Sie den Pointer bald wieder aus.

● *Kontrollieren Sie die Zeit während des Vortrags*

Durch die Probepräsentation haben Sie sichergestellt, dass die vorgegebene Zeit ausreicht. Zwei ergänzende Anregungen für das Zeitmanagement:

– Nutzen Sie Ihre Armbanduhr zur Zeitkontrolle. Auf dem Glas der Uhr können Sie mit einem Filzstift markieren, wann Ihre Vortragszeit beendet ist. Wenn Sie also Ihren 20minütigen Vortrag um 11.15 Uhr beginnen, markieren Sie die Position 11.35 Uhr mit einem kleinen Strich. So können Sie mit einem Blick die verbleibende Zeit abschätzen.
– Notieren Sie in der Gliederungsübersicht durch die A,B,C-Analyse die Wichtigkeit der Bildschirmseiten und den Zeitbedarf pro Seite. Wenn die Zeit knapp wird, können Sie rasch die Seiten mit der größten Priorität herausfinden und präsentieren.

● *„Notprogramme" bei technische Pannen*

Es gibt Ihnen zusätzlich Sicherheit, wenn Sie eines der folgenden „Notprogramme" vorbereitet und trainiert haben:

a) Sie schalten den Computer/Dataprojektor aus und bestreiten den verbleibenden Teil Ihrer Präsentation am Overheadprojektor. Legen Sie vorab Ihren Foliensatz gegliedert bereit, sodass Sie rasch die relevante Anschlussfolie finden.
b) „Absturz" in der Einstiegsphase der Präsentation: Sie verteilen die Tischvorlage und präsentieren die Inhalte anhand dieses „Dauermediums". Falls ein Handout oder Ähnliches nicht verfügbar ist, bleibt Ihnen nur der verbale Vortrag und die unterstützende Nutzung des Flip-Chart oder Whiteboards.
c) „Absturz" in der Schlussphase der Präsentation: Sie fassen den bisherigen Teil der Präsentation zusammen und leiten in die Diskussion über.

Tipps zur Nachbereitung

Vernetzte Notebooks erlauben es, Ergebnisse, Vereinbarungen, offene Fragen und sonstige relevante Kundeninformationen ohne zeitlichen Verzug einzugeben und per E-mail zu versenden. Zugesagten Folgeaktivitäten können dadurch im Rahmen des After Presentation Service professionell und kundengerecht veranlasst werden. In vielen Veranstaltungen kann man über Digitalkameras präsentierte Inhalte und Arbeitsergebnisse an Pinnwand oder Flip-Chart sofort fotografieren und Anschriebe an digitalen Whiteboards unmittelbar in Protokolle einbinden und anderen zur Verfügung stellen.

Als Präsentator sind Sie auch Beziehungsmanager

Bei Computerpräsentationen ist es fahrlässig, den emotionalen Kontakt zum Kundenkreis zu vernachlässigen. Das Mensch-zu-Mensch-Verhältnis ist wichtiger für Vertrauensbildung und Entwicklung einer langfristigen Partnerschaft als Digitaltechnik und Multimedia. Achten Sie deshalb vor, während und nach der Präsentation darauf, dass entlang der gesamten Kontaktkette die Wirkung auf den Kunden positiv ist. Der Kunde muss spüren, dass *er* stets im Mittelpunkt steht und dass es dem Präsentator Freude macht, mit Ihm zu sprechen und mit ihm gemeinsam seine Probleme zu lösen. Schenken Sie Ihrem Gesprächspartner mindestens so viel Aufmerksamkeit wie dem präsentierten Thema.

Exkurs: Computereinsatz im Verkaufsgespräch
(vgl. Thiele 2002)

Die folgenden Ausführungen behandeln die Frage, wie der Computer als Präsentationsmedium in (Verkaufs-)Gespräche eingebunden werden kann. Dieses Thema hat auch deshalb eine große Praxisrelevanz, weil die Anzahl der Präsentationen am Tisch ungleich größer ist als Präsentationen vor einer Gruppe. Am häufigsten sind dabei diese Fehler:

- Die Beteiligten sitzen ungünstig,
- das Gespräch läuft unstrukturiert,
- das Notebook wird wenig einfühlsam eingesetzt.

Die folgenden Praxistipps helfen Ihnen, diese Fehler zu vermeiden:

Dialogische Sitzposition

Bei multimedialen Präsentationen ist ähnlich wie beim Einsatz des Tisch-Flip-Chart die Gefahr besonders groß, dass die Blicke des Kunden vorrangig auf den Bildschirm gelenkt werden. Sorgen Sie durch Sitzanordnung, Dramaturgie und kurze Bildsequenzen dafür, dass die Kommunikation nicht zu kurz kommt. Günstig ist eine Sitzposition, die den Kunden aufwertet und ergonomisch günstig ist. Erfahrungsgemäß erleichtert es ein runder Tisch, dialoggerecht zu sitzen, Blickkontakt zu halten und dem Gesprächspartner eine gute Sicht auf den Bildschirm zu ermöglichen. Vermeiden Sie es, Seite an Seite zu sitzen, denn dies erschwert den Blickkontakt und kann vor allem beim Erstkontakt emotional einengend wirken. Ist nur ein eckiger Tisch vorhanden, kommt als zweitbeste Lösung auch eine Präsentation in der Übereck-Sitzposition in Frage.

Achten Sie bei der Platzierung der Medien stets darauf, dass alle Teilnehmer die präsentierten Inhalte uneingeschränkt wahrnehmen können. Bei Bedarf sollten Sie auch in der Lage sein, die Blickrichtung der Teilnehmer auf wesentliche Punkte zu lenken. Das kann dadurch geschehen, dass Sie die Bildschirmseite durch Mausklick parallel zu Ihren Ausführungen schrittweise aufbauen. Falls dies nicht möglich oder praktikabel ist, reicht ein Stift als Zeigehilfe völlig aus, um die Aufmerksamkeit der Gruppe zu lenken.

Phasenkonzept „Verkaufsgespräch"

1. Gespräch eröffnen
2. Bedarf analysieren
3. Angebot präsentieren und diskutieren
4. Ergebnis sichern
5. Folgeaktivitäten festlegen
6. Gespräch beenden

Spezielle Tipps zur Durchführung

- Zur *Eröffnung* eines multimedialen Verkaufsgesprächs gehört es, einen guten Kontakt zum Gegenüber herzustellen, zum Anlass des Gesprächs überzuleiten und mit dem Partner den Fahrplan für das Gespräch abzustimmen. Versuchen Sie in dieser Phase des Gesprächs einzuschätzen, inwieweit der Einsatz des Notebooks angemessen ist. Bitten Sie den Kunden in jedem Fall um sein Einverständnis für diese neue Präsentationsform und motivieren Sie ihn, während Ihrer Ausführungen Fragen zu stellen. Machen Sie Ihrem Kunden deutlich, was Sie mit Hilfe des Notebooks besser zeigen und erklären können als mit traditionellen Unterlagen. Geben Sie ihm das Gefühl, über den Fortgang der Präsentation mitentscheiden zu können.

  Unabhängig davon ist es notwendig, das gesamte Gespräch als Dialog zu führen und im Rhythmus von 1 bis 2 Minuten interaktive Phasen einzufügen. Die Ausführungen sind in jedem Fall dann zu unterbrechen, wenn die Körpersprache des Gegenüber Skepsis, Verständnisprobleme oder Ablehnung signalisiert. Der Kontakt von Mensch zu Mensch ist wichtiger für die Vertrauensbildung und den Erfolg des Gesprächs als multimediale Darstellungen.

- Zum *Hauptteil* eines Verkaufsgesprächs gehören die Phasen Bedarfsanalyse, Präsentation und Diskussion des Angebots, Sicherung der Ergebnisse sowie Festlegung der Folgevereinbarungen.

  Der Einsatz des Notebook eignet sich vor allem bei der Präsentation des Angebots. Hier können Sie die multimedialen Möglichkeiten nutzen, um
  - die Kernbotschaft nachhaltig beim Kunden zu verankern,
  - alternative Lösungsvarianten durchzuspielen,
  - Referenzobjekte im Stand- oder Bewegtbild zu zeigen oder
  - in Internetanwendungen zu verzweigen.

  Häufig wird der Fehler gemacht, eine überlange und für den Kunden uninteressante Firmenpräsentation an den Anfang des Hauptteils zu stellen. Mit langen Exkursen in die Vergangenheit, mit überladenen Organigrammen, Zahlenwüsten und

Tabellen, die als elektronische Folienschlacht abgespult werden. In der Regel ist es besser, den Informationsbedarf und die Erwartungen des Gesprächspartners durch offene Fragen in Erfahrung zu bringen. Daran anknüpfend können relevante Charts der Firmendarstellung gezeigt werden. Dieses dialogische Vorgehen wirkt in der Regel motivierender als monologische Firmenpräsentationen.

- Sichern Sie die Ergebnisse des Gesprächs. Je nach Branche, Produkt und verfügbarer Präsentationssoftware können die Gesprächsergebnisse entweder im Notebook eingetragen oder per Notiz fixiert werden. Vergessen Sie zudem nicht, Folgevereinbarungen zu treffen: Wer tut was bis wann und wie?

- Denken Sie daran, dass das Gesprächsende analog zur Eröffnung besonders lange im Gedächtnis haften bleibt. Lassen Sie sich hierbei positive Formulierungen einfallen und stellen Sie den emotionalen Kontakt zum Kunden in den Mittelpunkt.

Wenn der Bielefelder Biokybernetiker Holk Cruse einen Vortrag über die Gangarten der Stabheuschrecke hält, lässt er ein Exemplar des Carausius morosus über den Folienprojektor laufen. Das Viech krabbelt umher, läuft aus dem Bild, will eingefangen werden, und währenddessen erklärt der Gelehrte die neuronale Verschaltung der Beine des eigensinnigen Wesens. Die Szene hat etwas Unangemessenes, das zum Lachen reizt.

Gero von Randow

Baustein 11

Baustein 11
Verhandlungen

* *

Verhandeln ist nicht die schlechteste Form des Handelns.

William Penn Adair Rogers

Das Harvard-Konzept umfasst Methoden und Strategien, um bei Verhandlungen zu tragfähigen und für beide Seiten vorteilhaften Lösungen zu kommen. Es bietet eine Reihe von Verfahrensweisen an, die helfen können, aus festgefahrenen Situationen herauszukommen. Darüber hinaus finden sich eine Reihe bewährter Methoden, um mit unangenehmen Kontrahenten besser zurechtzukommen.

Dieser Baustein vermittelt neben den Grundlagen des Harvard-Konzepts Praxishilfen für das Verhandeln im internationalen Geschäft.

Das Harvard-Konzept ist eine Strategie, die Konsequenz in der Sache mit einer kooperativen Grundhaltung verbindet. Sie versucht damit eine Synthese aus einem harten und einem weichen Verhandlungsstil. Die Übersicht auf Seite 186 f beschreibt in den beiden linken Spalten die Merkmale eines weichen und eines harten Verhandlungsstils und zeigt auf der rechten Seite als Lösung die Methode des sachgerechten Verhandelns.

Im Mittelpunkt des Harvard-Konzepts stehen vier Prinzipien:

1. Trennung von Menschen und Problemen,
2. Loslösung von festen Positionen und Bevorzugung beweglichen Interessen,
3. Entwicklung mehrerer Wahlmöglichkeiten vor der Entscheidung,
4. Orientierung des Ergebnisses an objektiven Kriterien.

Sachgerecht Verhandeln nach dem Harvard-Konzept

Eine Synthese aus einem „weichen" und einem „harten" Verhandlungsstil

„Weich" verhandeln	„Hart" verhandeln	Sachbezogen verhandeln (nach dem Harvard Konzept)
Allgemein	Allgemein	Allgemein
Teilnehmer sind Freunde	Teilnehmer sind Gegner	Teilnehmer sind Problemlöser
Ziel: Übereinkunft mit der Gegenseite	Ziel: Sieg über die Gegenseite	Ziel: vernünftige Ergebnisse
	Sieg-Niederlage-Modell	Sieg-Sieg-Modell
		4 Prinzipien:
Konzessionen werden zur Verbesserung der Beziehung gemacht	Konzessionen werden als Voraussetzung der Beziehung gefordert	(1) Menschen und Probleme getrennt behandeln
Weich zu den Menschen und Problemen	Hart zu den Menschen und Problemen	Weich zu den Menschen und hart in der Sache
Vertrauen zu den anderen	Misstrauen gegenüber den anderen	Vorgehen unabhängig von Vertrauen und Misstrauen

Bereitwillige Änderung der eigenen Position	Beharren auf der eigenen Position	**(2) Konzentration auf Interessen, nicht auf feste Positionen**
Angebote werden unterbreitet Verhandlungslinie wird offengelegt	Drohungen erfolgen, Verhandlungslinie bleibt verdeckt	Interessen werden erkundet „Verhandlungslinie" vermeiden
Einseitige Zugeständnisse werden im Interesse einer Übereinkunft in Kauf genommen	Einseitige Vorteile werden als Preis für die Übereinkunft gefordert	**(3) Möglichkeiten für gegenseitigen Nutzen suchen**
Suche nach der einzigen Antwort, die die anderen akzeptieren	Suche nach der einzigen Lösung, die ich akzeptiere	Unterschiedliche Wahlmöglichkeiten suchen; erst danach entscheiden
Bestehen auf einer Übereinkunft	Bestehen auf der eigenen Position	**(4) Bestehen auf objektiven Kriterien**
Willenskämpfe werden vermieden Starkem Druck wird nachgegeben	Willenskampf muss gewonnen werden Starker Druck wird ausgeübt	Ein Ergebnis unabhängig vom jeweiligen Willen zu erreichen suchen; Vernunft anwenden; offen gegenüber sachlichen Argumenten

Trenne Menschen und Probleme

Verhandlungen und Gespräche spielen sich immer auf zwei Ebenen ab:

a) Verhandlungsgegenstand (Sach-Ebene),
b) Prozess des Miteinander (Beziehungs-Ebene).

Die erste Frage betrifft das strittige Thema und das Sachziel der Argumentation/Verhandlung. Der zweite Punkt zielt auf die Art, wie Sie die Thematik behandeln wollen: weich oder hart oder auf irgendeine andere Weise.

Das Problem besteht beim Verhandeln und Argumentieren darin, dass persönliche Beziehungen zwischen den Parteien leicht mit sachlichen Auseinandersetzungen vermengt werden. Wir tendieren oft dazu, Mensch und Problem in einen Topf zu werfen. Wenn jemand sagt: „Ihre Forderung ist überzogen" oder „Der Termin ist wieder nicht eingehalten worden", so mag damit schlichtweg ein bestimmtes Problem gemeint sein, man kann es aber auch leicht als persönlichen Angriff verstehen. Die Konsequenz ist nicht selten, dass man sich ärgert und missmutig ist und dass sich diese negative Emotion auf den betreffenden Menschen bezieht.

Tipps zur Sicherung eines fairen Miteinander

An anderer Stelle haben wir Praxishilfen vorgeschlagen, um ein gutes Gesprächsklima aufzubauen (s. Seite 221 f). Über diese Anregungen hinaus finden sich im Harvard-Konzept ergänzende Orientierungen:

Vorstellungen des Partners bedenken

- Bedenken Sie immer, dass die Verhandlungspartner ein und denselben Gegenstand unterschiedlich sehen und bewerten. Dies liegt begründet:
  - in der unterschiedlichen Perspektive,
  - in der unterschiedlichen persönlichen Interessenlage,

- in den unterschiedlichen Vor-Erfahrungen und Vorurteilen,
- im unterschiedlichen Informationsstand und
- in unterschiedlichen Stimmungen.

Konflikte im Verhandlungsprozess lassen sich dadurch mildern, dass man diese Unterschiedlichkeiten berücksichtigt und eine gemeinsame Basis einschließlich objektiver Kriterien findet.

- Versetzen Sie sich bei der Vorbereitung und bei der Verhandlung selbst in die Lage des anderen. Versuchen Sie, seine Sicht der Dinge nicht zu früh zu bewerten. Selbst wenn Ängste oder Aggressionen beim Partner unbegründet sind, so sind sie doch real, und man muss sie beachten.
- Versuchen Sie, die Sichtweise, die Argumente und die Emotionen der anderen Seite zu verstehen. Den Standpunkt verstehen heißt dabei noch lange nicht, dass man damit einverstanden ist. Die an anderer Stelle behandelte Fragetechnik ist hier ein unverzichtbares Werkzeug.
- Beteiligen Sie die Gegenseite am Verhandlungsprozess und am Ergebnis. Wer sich beteiligt fühlt, ist in der Regel motivierter und wird dem Ergebnis eher zustimmen. Daher gilt der Grundsatz, den Partner so früh wie möglich einzubinden. Bieten Sie ihren Rat an! Gehen Sie – wo immer möglich – auf neue Ideen großzügig ein und beteiligen Sie die anderen auch persönlich daran, die gewonnenen Vorstellungen gegenüber Dritten zu verteidigen.
- Achten Sie darauf, dass jeder sein Gesicht wahren kann. Versuchen Sie bei der Gegenseite das Gefühl des Klein-Beigebens zu vermeiden. Es geht darum, das Ergebnis so zu fassen und zu formulieren, dass es nach einer fairen Lösung aussieht. Fair bedeutet, dass sie in Einklang mit den Grundsätzen der Verhandlungspartner und dem Image, das diese von sich haben, steht. Im günstigsten Fall fühlen sich alle Beteiligten als Gewinner (Win-Win-Modell).

Emotionen berücksichtigen

Besonders bei harten Auseinandersetzungen im Rahmen von Argumentationen sind Gefühle mitunter wichtiger als das Gespräch. Die Beteiligten sind möglicherweise eher zum Kampf bereit als zu kooperativen Lösungen. Starke Emotionen können Verhandlungen recht schnell in die Sackgasse oder zum Abbruch führen. Nehmen Sie als Beispiel die vielen Verhandlungsansätze zwischen Israelis und Palästinensern im Nahen Osten. Wenn es nicht gelingt, Emotionen und Sache zu trennen, wird sich der Krieg im Verhandlungsraum fortsetzen und der Weg zu tragfähigen Kompromissen bleibt verstellt.

Was kann man tun?

- Zuerst Emotionen erkennen und verstehen – die der anderen und die eigenen.
  Beobachten Sie sich selbst einmal während einer Verhandlung oder in einer harten Diskussion: Fühlen Sie sich stark angespannt, nervös oder gehemmt? Ärgern Sie sich über sich selbst oder über die Gegenseite? Und – falls die Chemie zum anderen nicht stimmt – ist es Antipathie und Kampfbereitschaft, die Ihre emotionale Verfassung kennzeichnen?
  Machen Sie nun einen Perspektivenwechsel: Was sind vermutlich die Emotionen der Gegenseite? Gibt es dort Blockaden, die einer sachlichen Verhandlung im Wege stehen könnten?
  Haben Sie vielleicht mit einem Partner zu tun, der sich aus Karrieregründen profilieren, der Überlegenheit demonstrieren möchte? Oder haben Sie vielleicht mit einem Partner zu tun, der Angst hat, das nahe Ergebnis vor seinen Vorgesetzten oder seinen Mitarbeitern nicht vertreten zu können?
- Sprechen Sie über Ihre Emotionen; gestatten Sie der Gegenseite „Dampf abzulassen!"
  Jeder weiß, dass der Kunde bei berechtigten Reklamationen zunächst ein psychologisches Ventil braucht, um sich seinen Ärger von der Seele zu reden. Erst dann haben Sie die Chance, sich dem Sachproblem und möglichen Lösungswegen zuzuwenden. Hören Sie dem Gegenüber beim Dampfablassen ruhig

zu, ohne auf die Angriffe einzugehen. Ermuntern Sie ihn vorsichtig, doch fortzufahren, bis er fertig ist.
Vermeiden Sie es, auf emotionale Ausbrüche gereizt zu reagieren. So bewahren Sie Ihre Ruhe und gehen einem unnötigen Streitgespräch aus dem Wege.

- Nutzen Sie auch symbolische Gesten:
  Kleine Gesten können helfen, eine angespannte Situation zu entkrampfen. Eine kleine Aufmerksamkeit kann helfen, eine festgefahrene Beziehung wieder in Gang zu bringen. Dazu gehören z. B.: eine Entschuldigung, ein informelles Treffen, ein kleines Präsent, ein freundliches Wort, eine Grußkarte.

Missverständnisse vermeiden

Die erwähnten emotionalen Belastungen können Missverständnisse verursachen oder verstärken. Mangelnder „Rapport" zeigt sich häufig so:

- die Partner sprechen nicht (wirklich) miteinander,
- die Partner hören nicht zu,
- die Beteiligten reden auf verschiedenen Sprachebenen,
- die Parteien sind unfähig, die eigene Botschaft knapp, klar und verständlich darzustellen,
- im internationalen Geschäft verstärkt sich häufig das Sprachenproblem,
- die Partner haben mangelndes Einfühlungsvermögen für die Interessen der anderen Seite,
- sachgerechtes Verhandeln wird durch Vorurteile und eine verzerrte Wahrnehmung erschwert.

Dass Vorurteile und Beziehungsprobleme häufig in der eigenen Phantasie gemacht sind, belegt eindrucksvoll die Geschichte mit dem Hammer von Paul Watzlawick:

Die Geschichte mit dem Hammer

Ein Mann will ein Bild aufhängen. Den Nagel hat er, nicht aber den Hammer. Der Nachbar hat einen. Also beschließt unser Mann, hinüberzugehen und ihn auszuborgen. Doch da kommt ihm ein Zweifel: Was, wenn der

Nachbar mir den Hammer nicht leihen will? Gestern schon grüßte er mich nur so flüchtig. Vielleicht war er in Eile. Aber vielleicht war die Eile nur vorgeschützt, und er hat etwas gegen mich. Und was? Ich habe ihm nichts angetan; der bildet sich da etwas ein. Wenn jemand von mir ein Werkzeug borgen will, ich gäbe es ihm sofort. Und warum er nicht? Wie kann man einem Mitmenschen einen so einfachen Gefallen abschlagen? Leute wie dieser Kerl vergiften einem das Leben. Und dann bildet er sich noch ein, ich sei auf ihn angewiesen. Bloß weil er einen Hammer hat. Jetzt reicht's mir wirklich. – Und so stürmt er hinüber, läutet, der Nachbar öffnet, doch noch bevor er „Guten Tag" sagen kann, schreit ihn unser Mann an: „Behalten Sie doch Ihren Hammer, Sie Rüpel!"

In Analogie zu dieser Geschichte können Missverständnisse dadurch verursacht sein, dass sich die Beteiligten Phantasiegeschichten aufbauen, die mit der Realität nicht in Einklang stehen. Im Zweifel ist es hilfreich, diesen Mechanismus zu durchschauen und das direkte, sachbezogene Gespräch mit dem anderen zu suchen.

Gerade wenn Sie mit einem Kunden, einem Kollegen oder einer sonstigen Person (vielleicht aus der Verwandtschaft) nicht so gut können, wenn Funkstille herrscht, wenn man sich aus dem Weg geht, lohnt es sich, diesen Mechanismus zu durchdenken: Ist der andere wirklich so übel wie ich vermute? Habe ich dafür Fakten oder nur Phantasieprodukte? Wie denkt mein Gegenüber wohl über mich? Realistisch – so wie ich bin? Oder hat er sich vielleicht auch seine „Geschichte" gemacht, nachdem ich ihn in der Konferenz so offen kritisiert habe?

Auf Interessen konzentrieren, nicht auf Positionen

„Alle Verhandlungspartner haben Interessen. Das sind Bedürfnisse, Wünsche und Befürchtungen, die unsere Verhandlungen lenken. Interessen sind verschieden von Positionen – den Behauptungen, Forderungen und Angeboten der Parteien während einer Verhandlung. Eine Position ist nur eine Möglichkeit, Interessen zu befriedigen" (Fisher 2000).

Im Harvard-Konzept findet sich die Geschichte von den zwei Kindern, die um eine Orange streiten. Jedes Kind beharrte auf seiner Position: „Ich bekomme die Orange!" Schließlich einigten sie sich darauf, die Orange zu teilen. Beide waren unzufrieden mit dem Kompromiss. Denn wie sich zeigte, wollte ein Kind nur die Schale, um einen Kuchen zu backen, das andere wollte die Frucht, um Orangensaft zu machen. Also hätte man die zugrundeliegenden Interessen besser befriedigen können, wenn ein Kind die ganze Frucht und das andere die ganze Schale erhalten hätte. Durch die Rückfrage: „Warum möchtest Du die Apfelsine?" hätte man die Interessen leicht herausfinden können.

Um in einer Verhandlung erfolgreich zu sein, reicht es nicht aus, um Positionen zu streiten. Es kommt vielmehr darauf an, ein Ergebnis zu finden, das den Interessen beider Seiten entspricht. Wie lässt sich dies erreichen:

- Stellen Sie sich selbst (im Rahmen der Vorbereitung) und der Gegenseite Fragen: „Warum" oder „Zu welchem Zweck", um die Interessen in Erfahrung zu bringen. Führt dies nicht zum Ziel, stellen Sie „Warum-nicht-Fragen": „Was wäre verkehrt, wenn..."
- Setzen Sie Prioritäten bei Ihren Interessen. Dies erleichtert es Ihnen später, vorgeschlagene Optionen rascher zu bewerten.
- Machen Sie sich bewusst, dass hinter einer Position häufig menschliche Grundbedürfnisse stehen wie
  - Sicherheit,
  - wirtschaftliches Auskommen,
  - Zugehörigkeitsgefühl,
  - Anerkanntsein,
  - Selbstbestimmung.
- Hinzu kommen Interessen/Motive des betreffenden Unternehmens, z. B.:
  - technische Produktmerkmale,
  - kaufmännische Kriterien,
  - ökologische Aspekte,
  - unternehmensstrategische Gesichtspunkte.
- Sprechen Sie über die Interessen. Zweck jeder Verhandlung ist es, Ihren Interessen zu nützen. Damit eine Chance auf Erfolg da ist, müssen Sie über Ihre Interessen sprechen. Die Gegenseite weiß möglicherweise gar nichts über sie, genauso wie Sie

umgekehrt nichts über die Interessenlage Ihres Gegenübers wissen. Zweispurige Kommunikation bedeutet,

- dass die Gegenseite Ihre Interessen verstanden hat und
- dass Sie die Interessenlage des Partners ebenfalls aufgenommen haben. Vergewissern Sie sich, dass dies auch so ist.
- Weitere Hinweise des Harvard-Konzepts:
  - Erkennen Sie die Interessen der Gegenseite als Teil des Problems an.
  - Schauen Sie nach vorn, nicht rückwärts.
  - Seien Sie hart in der Sache, aber sanft zu den beteiligten Menschen.

Entwickeln Sie alternative Entscheidungsmöglichkeiten (Optionen) zum beiderseitigen Vorteil

„Optionen" sind mögliche Übereinkünfte oder Teile einer möglichen Übereinkunft im Rahmen der Verhandlung. Bei den meisten Verhandlungen zeigen sich vier Haupthindernisse bei der Entwicklung von alternativen Lösungen:

1. vorschnelles Urteil („Es geht nicht"),
2. Suche nach der richtigen Lösung (Einengung des Horizonts/Fixierung),
3. Annahme, dass der Kuchen begrenzt ist,
4. Vorstellung, dass die anderen ihre Probleme gefälligst selbst lösen sollen.

Praxishilfen:

Wer kreative Wahlmöglichkeiten entwickeln will, muss

- den Prozess der Ideengewinnung von der Beurteilung eben dieser Ideen trennen,
- danach trachten, die Zahl der Optionen eher zu vermehren als nach der reinen Lösung zu suchen,
- nach Vorteilen für alle Seiten Ausschau halten,
- Vorschläge entwickeln, die den anderen die Entscheidung erleichtern.

Die „Beste Alternative (BA)" bestimmen

„Was werde ich tun, falls wir uns in der Verhandlung nicht einigen können?" Das ist die Frage nach der Besten Alternative. Nehmen Sie an, Sie bewerben sich bei der Firma A. Dann lautet die Frage: Was ist meine Beste Alternative, wenn ich mit dieser Firma zu keiner Übereinkunft komme? Dies kann z. B. ein Vertrag der Firma B sein, den Sie bereits unterschriftsreif in der Tasche haben. Oder es kann ein Aufbaustudium sein, das Sie beginnen könnten und dessen Finanzierung bereits gesichert wäre, falls es mit der Stelle nicht klappt.

Das ausgehandelte Ergebnis Ihrer Verhandlung sollte also in jedem Falle besser sein als Ihre Beste Alternative. Ist das Angebot der Gegenseite schlechter als Ihre Beste Alternative, dann können Sie mit Zuversicht zur Tür gehen und die Verhandlung beenden.

Zur Vorbereitung Ihrer Verhandlung gehört es aber auch, die Beste Alternative der Gegenseite zu durchdenken. „Was wird die Gegenseite (vermutlich) tun, falls wir uns nicht einigen können?"

Suchen Sie nach neutralen Beurteilungskriterien

Dieser Punkt besagt, dass es leichter fällt, ohne gegenseitigen Druck zu einer Lösung zu kommen, wenn Sie Kriterien formulieren, an denen die Entscheidung gemessen wird.

Suchen Sie nach objektiven Kriterien möglichst vor der Verhandlung. Versuchen Sie, sich mit Ihrem Gegenüber auf gemeinsame Kriterien zu einigen. Gerade in festgefahrenen Situationen ist dies eine wirkungsvolle „Strategie".

Beispiel: Sie verhandeln um einen Gebrauchtwagen und haben unterschiedliche Vorstellungen hinsichtlich des Preises. Anstatt zu feilschen oder in ein Streitgespräch zu geraten, können Sie sagen: „Sie fordern einen hohen Preis und ich biete einen niedrigen. Lassen Sie uns herausfinden, welcher Preis fair ist und mit welchem Preis wir beide leben können. Anhand welcher Kriterien können wir das herausfinden?" Nun können Sie Seite an Seite versuchen, das gemeinsame Ziel – einen fairen Preis – zu erreichen. Sie können selbst ein Kriterium nennen, etwa den Listenpreis des Fahrzeugs und die gefahrenen Kilometer. Fordern Sie den Verhandlungspartner auf, seine Vorstellungen zu nennen.

Ihre Argumentation wird natürlich noch überzeugender, wenn Sie sich auf Kriterien beziehen, die die Gegenseite eingeführt hat.

In vielen Verhandlungssituationen können Sie anhand der Merkstütze ETHOS Kriterien formulieren (siehe Baustein 1).

Konsequenz für das Verhandeln:

1. Funktionieren Sie jeden Streitfall zur gemeinsamen Suche nach objektiven Kriterien um.
2. Argumentieren Sie vernünftig und seien Sie selbst offen gegenüber solchen Argumenten, die auf einsichtigen Kriterien beruhen.
3. Geben Sie niemals irgendwelchem Druck nach, beugen Sie sich nur sinnvollen Prinzipien und Argumenten.

Wie Sie schmutzige Tricks neutralisieren...

Ihre Zielsetzung muss es sein, eine Arbeitsbeziehung aufzubauen, die unabhängig ist von Übereinstimmung oder Meinungsverschiedenheit. Versuchen Sie niemals, Zugeständnisse in der Sache durch die Bedrohung der Beziehung zu erzwingen: „Wenn Du mir nicht zustimmst, ist es aus mit uns!"

Vielmehr müssen Sachfragen von Beziehungs- und Verfahrensfragen getrennt werden. Die Inhalte der Argumentation müssen von der Frage getrennt werden, wie Sie darüber reden und wie Sie mit der Gegenseite umgehen. Eine gute Arbeitsbeziehung erleichtert gute Sachergebnisse (für beide Seiten).

Wenn die Gegenseite sich unfair und auf den ersten Blick irrational verhält, ist es ratsam, diese menschlichen Probleme – getrennt von der Sache – zur Sprache zu bringen. Vermeiden Sie ein Urteil über die Tricks und Winkelzüge der anderen Seite oder scharfe Kritik der zugrundeliegenden Motive. Die Autoren des Harvard-Konzepts empfehlen vielmehr

- Ihre Wahrnehmungen und Gefühle zu erläutern und die der Gegenseite zu erforschen,

- externe Kriterien oder faire Regeln vorzuschlagen, um zu bestimmen, wie Sie miteinander umgehen sollen,
- konstruktiv nach vorn zu schauen, um dadurch Ergebnisse zu erreichen,
- die Wichtigkeit einer gemeinsamen Problemlösung zu verdeutlichen.

In jedem Falle sollten Sie es ablehnen, sich Taktiken der Druckausübung zu beugen. Vermeiden Sie Retourkutschen, weil sich die Emotionen hochschaukeln können und ein Sachergebnis immer schwerer zu erreichen ist.

Gehen Sie mit offensichtlicher Irrationalität der Gegenseite rational um. Stellen Sie in Rechnung, dass Ihr Gegenüber ein Mensch ist, der impulsiv handelt oder reagiert, ohne sorgfältig nachzudenken. Dies passiert vor allem dann, wenn er verärgert ist, vielleicht bestimmte Reizworte hört. Bleiben Sie ruhig und rational, auch wenn Ihr Partner emotionalisiert ist. Es lohnt sich, wenn Sie es zumindest versuchen. Ury und Fisher bringen das Bild einer psychiatrischen Klinik, in der niemand psychotische Ärzte haben möchte. Analog sollten Sie im Umgang mit der Eristik und Irrationalität Ihres Verhandlungspartners so zweckgerichtet wie möglich sein.

Ein weiterer Punkt ist zu bedenken: Gesprächspartner haben manchmal Ansichten, die uns auf den ersten Blick „irrational" erscheinen. Im Alltag begegnen wir vielen Beispielen: Menschen haben extreme Angst vor dem Fliegen, Ingenieure sprechen Kaufleuten die Kompetenz ab, das Thema Kernenergie löst bei vielen Kritikern eine extreme Alarmreaktion aus. Bedenken Sie, dass jeder Mensch auf die Welt reagiert, wie er sie sieht. Versuchen Sie einen Perspektivenwechsel: Sammeln Sie durch Rückfragen Informationen darüber, wie Ihr Gegenüber das Thema sieht, was seine Interessen sind, wo seine Einwände und seine Entscheidungskriterien liegen (siehe Baustein 1). Dies soll Ihnen helfen, eine Möglichkeit zu finden, die für beide Seiten chancenträchtig erscheint.

Weitere Hinweise finden Sie im Baustein 9 „Unfaire Taktiken abwehren".

Phasen-Konzepte für Verhandlungen

Die Praxis zeigt, dass Verhandlungen aus verschiedenen Phasen bestehen. Phasenkonzepte sind komplexe gedankliche Baupläne, die es erleichtern, Verhandlungen sachgerecht und zielgerichtet zu strukturieren. Bewährt hat sich ein

Vorgehen in sechs Phasen:

1) Eröffnung	Partner und Problem analysieren; Arbeitsklima herstellen
2) Situation und Problem, darlegen	eigene Sicht darlegen Sicht des Gegenüber analysieren/ erfragen
3) Lösungswege/ Optionen sammeln	selbst einführen oder gemeinsam entwickeln,
4) Diskutieren	Objektive Kriterien beachten
5) Ergebnis	Kompromiss o. a.,
6) Beenden	Positiver Ausklang

Hinweise zur Anwendung

Ihr Verhandlungs-Konzept muss den Besonderheiten der betreffenden Situation und Zielsetzung angepasst werden. Sie können die Reihenfolge der Phasen ändern oder bestimmte Phasen (z.B. die Phasen drei bis fünf) mehrfach durchlaufen.

1. Zur Eröffnungsphase: Hierzu gehören Begrüßung, Klima schaffen, Ziel und Themen festlegen, Vorgehensweise und Zeitplan abstimmen. Die Harvard-Prinzipien zum Thema Mensch und Problem haben hier einen besonders hohen Stellenwert.

2. Phase Situationsdarstellung: Hier geht es darum, die relevanten Informationen auszutauschen und die Interesen der Verhandlungsparteien genauer in Erfahrung zu bringen. Eine gekonnte Fragetechnik ist auf dieser Stufe unverzichtbar.

Phasen 3.–5.: Hier kommen vor allem die Prinzipien „Wahlmöglichkeiten entwickeln" und „Objektive Kriterien suchen" zur Anwendung.

6. Phase Abschluss: Hier geht es darum, die Verhandlung mit persönlichen Worten ausklingen zu lassen.

Wenn Sie sich unter Zeitdruck auf Verhandlungen nach dem Harvard-Konzept vorbereiten, können Sie das folgende Arbeitsblatt zugrunde legen (vgl. Fisher/Ertel 1997):

Checkliste zur schnellen Vorbereitung auf Verhandlungen

Meine Interessen	Optionen	Objektive Kriterien	Interessen der Gegenseite
Wofür ich mich wirklich interessiere. Meine Ziele, Wünsche, Sorgen, Hoffnungen und Ängste...	Mögliche Lösungswege	Standards oder Präzedenzfälle, die davon überzeugen können, dass das vorgeschlagene Abkommen fair ist.	Wofür sich die Gegenseite meiner Meinung nach wirklich interessiert. Ihre Sorgen, Ängste, Wünsche, Ziele...
1.	1.	1.	1. ....
2.	2.	2.	2. ....
3.	3.	3.	3. ....
4.	4.	4.	4. ....

Meine Beste Alternative (BA)?

Ergänzende Tipps für Verhandlungen im internationalen Geschäft

Wer im Ausland Verhandlungen zu führen hat, unterschätzt häufig die Schwierigkeiten, die sich aus interkulturellen Unterschieden ergeben. Eine Strategie, die sich in Europa bewährt hat, muss im internationalen Geschäft noch lange nicht erfolgreich sein. Es gibt eine Reihe kultureller Besonderheiten im Kommunikationsverhalten, die ein Manager, Ingenieur oder Verkaufsrepräsentant wissen sollte, bevor er in einem anderen Land verhandelt und präsentiert.

Zehn Aspekte des kulturellen Einflusses

Jeswald W. Salacuse formuliert 10 Faktoren, die es Ihnen erleichtern, die Verhandlungsstrategie an den Besonderheiten fremder Kulturkreise auszurichten. Das folgende Raster ist zudem geeignet, Ihren eigenen Verhandlungsstil zu analysieren: Sie erkennen, wie Sie vermutlich von den Partnern aus anderen Ländern erlebt werden. Jede der Dimensionen repräsentiert eine Skala, auf der das betreffende Verhalten zwischen zwei Polen eingestuft werden kann:

1. Verhandlungsziel: Vertrag oder Beziehung

Zu Anfang stellt sich die Frage, ob die Verhandlungspartner dieselben Ziele verfolgen und den Verhandlungsgegenstand aus der gleichen Perspektive sehen. In der Regel ist dies nicht gegeben. Vertreter aus verschiedenen Kulturen können das leitende Ziel eines geschäftlichen Erstkontakts unterschiedlich interpretieren:

In den Vereinigten Staaten mag es bei Präsentationen und Verhandlungen vorrangig darum gehen, zu einem unterzeichneten Vertrag zwischen den Parteien zu kommen. Ein unterzeichneter Vertrag wäre ein definierter Katalog von Rechten und Pflichten, an den beide Seiten strikt gebunden sind. Wenn Sie mit einem Kunden zu tun haben, der diesem Vertrags-Typus zuzurechnen ist, wäre der Versuch, zunächst eine vertrauensvolle Beziehung aufzubauen, bis zu einem gewissen Grade vergeudete Zeit.

Japaner und Chinesen hingegen mögen das Hauptziel eines ersten Geschäftskontakts (Präsentation/Verhandlung) nicht in einem unterzeichneten Vertrag, sondern in einer Beziehung zwischen beiden Seiten sehen. Während der unterschriebene Vertrag in den USA den Abschluss eines Geschäfts darstellt, wäre er im japanischen Verständnis die Eröffnung einer Beziehung. Bei Präsentationen in Japan hat das Beziehungsmanagement einen herausgehobenen Stellenwert für Sie. Als Repräsentant eines deutschen Unternehmens wäre es also wichtig, Ihren Verhandlungspartner davon zu überzeugen, dass Ihre beiden Organisationen auch auf lange Sicht ein vertrauensvolles Miteinander aufbauen können.

2. Einstellung zur Verhandlung: Gewinn/Verlust oder Gewinn/Gewinn

Bei Verhandlungen lassen sich zwei Situationen unterscheiden:

- Gewinn-Gewinn-Situation (beide Seiten gewinnen)
  Die Partner betrachten die Geschäftsbeziehung als einen Kooperations- und Problemlösungsvorgang. Es werden Lösungswege gesucht, die für beide Seiten vorteilhaft sind. Das Klima ist in der Regel konstruktiv und von wechselseitiger Wertschätzung geprägt.
- Gewinn-Verlust-Situation (eine Seite gewinnt – eine Seite verliert). Ein Verhandlungspartner dominiert den anderen. Konfrontation ist in der Regel das prägende Merkmal dieser Situation. Antipathie und psychologische Blockaden kennzeichnen häufig diese Form des „Miteinander".
  Beispiel 1:
  Sie sind Repräsentant eines mittelständischen Zulieferbetriebs der Automobilindustrie und sitzen einem Verhandlungspartner gegenüber, der die weitaus größere Verhandlungsmacht hat (z. B. Chefeinkäufer vom „Typ Lopez" bei einem Autohersteller). In dieser Situation haben Sie vermutlich die Tendenz, die Verhandlung als eine Gewinn/Verlust-Situation anzusehen: Jeder Vorteil des Großunternehmens ist automatisch ein Nachteil Ihres kleinen Unternehmens.
  Beispiel 2:
  Als Vertriebsingenieur eines deutschen Großunternehmens präsentieren Sie in einem Schwellenland. Machen Sie sich klar, wie Ihr Gegenüber Sie vermutlich wahrnimmt. Fühlt sich der Geschäftspartner in der Verlust-Situation? Ist dies der Fall, ist es wichtig, nicht zu dominant aufzutreten, Vertrauen aufzubauen und sorgfältig darauf zu achten, welche Werte und Entscheidungskriterien für Ihren Partner vorrangig sind.

3. Persönlicher Stil: zwanglos oder formell

Ihr Präsentations- und Verhandlungsstil hat damit zu tun, wie Sie auftreten, wie Sie sich kleiden, wie Sie mit dem Geschäftspartner reden, ob Sie Titel benutzen und wie Sie mit den anderen interagieren. Ausmaß und Art des Smalltalk vor und nach Verhandlungen sind häufig ein guter Indikator für die Qualität des Miteinander.

Jede Kultur hat eigene Formalien, die spezielle Bedeutung haben. Für Amerikaner oder Australier ist die Verwendung des Vornamens ein Zeichen von Freundschaft und daher positiv zu bewerten. In anderen Kulturen – wie in der französischen, japanischen oder ägyptischen – wird es eher als Mangel an Respekt angesehen, wenn man sich beim ersten Zusammentreffen mit seinem Vornamen anspricht.

> **Praxistipp.** Im Zweifel ist es ratsam, zunächst eine förmliche Haltung einzunehmen und diese allmählich zu lockern, wenn die Gegenseite entsprechende Signale gibt.

4. Kommunikation: direkt oder indirekt

Jede Kultur hat unterschiedliche Methoden der Kommunikation entwickelt. In Deutschland legt man eher Wert auf direkte Kommunikation. Auf eine bestimmte Frage erwartet man eine klare und eindeutige Antwort.

In anderen Kulturkreisen haben sich indirekte Formen der Kommunikation herausgebildet. So erhalten Sie bei einer Präsentation in China oder Japan oft nur indirekte Reaktionen in Form von Gesten, Zeichen und scheinbar unbestimmten Bemerkungen. Ohne ein interkulturelles Training und Erfahrung vor Ort ist es kaum möglich, „schwache Signale" eines chinesischen oder japanischen Gremiums zu „entschlüsseln" und Missverständnissen entgegenzuwirken (siehe hierzu z. B. Rizk 2002).

5. Zeitbewusstsein: stark oder schwach?

Verschiedene Kulturen können eine höchst unterschiedliche Einstellung zur „Zeit" haben. Deutsche Verhandlungspartner gelten als pünktlich, Japaner und Chinesen verhandeln auch wegen des Gruppenkonsens langsamer, Amerikaner kommen rasch zur Sache.

Amerikaner sehen das vorrangige Ziel in einem unterzeichneten Vertrag. Zeit ist Geld. Formalitäten werden daher in der Regel auf ein Minimum reduziert.

Anders hingegen ist es bei Mitgliedern derjenigen Kulturen, die den Zweck einer Präsentation und Verhandlung darin sehen, eine Beziehung herzustellen und Vertrauen aufzubauen. Hier macht es Sinn, Zeit zu investieren, um sich auch persönlich kennenzulernen und herauszufinden, ob die Chemie stimmt. Ungeduld, zu forsches Auftreten oder aggressive Versuche, diese Zeit zu reduzieren, kann aus Sicht Ihres Gegenübers als negativ angesehen werden.

6. Emotionalität: hoch oder niedrig

Verschiedene Kulturen unterscheiden sich hinsichtlich ihrer Neigung, Emotionen bei Präsentationen oder Verhandlungen ins Spiel zu bringen. Japaner und Chinesen scheinen ihre Gefühle am Verhandlungstisch zu verbergen, während Südeuropäer oder Lateinamerikaner ihre Emotionen eher zeigen.

Allerdings kann dieses kulturelle Phänomen durch die individuelle Persönlichkeit verstärkt oder abgemildert auftreten. So gibt es z.B. rational agierende Italiener und sehr temperamentvolle Japaner.

7. Form der Übereinkunft: allgemein oder spezifisch

Wer in anderen Kulturen präsentiert, muss sich vorab Gedanken machen, ob der Gesprächspartner vermutlich das Ziel haben wird, alle Details festzuklopfen oder ob er sich damit begnügen wird, allgemeine Grundsätze festzulegen.

Amerikaner bevorzugen z.B. sehr detaillierte Verträge. Der Grund liegt darin, dass man sich absichern will, wie in einer etwaigen neuen Situation zu verfahren ist. Auch unwahrscheinliche Situationen versucht man gedanklich durchzuspielen und in das Vertragswerk einzubeziehen.

Chinesische Verhandlungspartner hingegen betonen in den Verträgen allgemeine Prinzipien. Das Vertrauensverhältnis zwischen den Parteien ist die Essenz einer Übereinkunft. Falls unerwartete Umstände auftreten, hilft die vertrauensvolle Beziehung zwischen den Vertragsparteien mehr als der bloße Vertragstext, das Problem zu lösen.

Russische Verhandlungspartner haben den Ruf, schriftliche Abkommen buchstabengetreu zu erfüllen, während sie mündliche oder stillschweigende Vereinbarungen, die sie getroffen haben, gern ignorieren.

8. Zu einem Abschluss kommen: induktiv oder deduktiv?

Hierunter versteht man die Frage, ob man im Prozess der Verhandlung bei allgemeinen Prinzipien beginnt und dann zu den speziellen Detailfragen kommt („deduktiv") oder ob man zunächst über spezielle Punkte spricht wie Produktmerkmale, Preis, Lieferkapazitäten, deren Summe dann schließlich den Vertragsinhalt bildet („induktiv").

Franzosen geben dem deduktiven Verhalten (zuerst Einigung im Grundsätzlichen) den Vorzug, während Amerikaner induktiv vorgehen (eine lange Liste von Sachfragen durchgehen und Kompromisse schließen).

Maximal- versus Minimal-Ansatz: Ein Maximal-Ansatz („building down") besteht darin, dass am Anfang ein Höchstangebot steht, falls der Gegner alle angeführten Bedingungen akzeptiert. Beim Minimalansatz („building up") beginnt eine Seite mit dem kleinsten gemeinsamen Nenner, auf dem dann in dem Maße aufgebaut werden kann, wie die Gegenseite zusätzliche Bedingungen akzeptiert.

Amerikaner scheinen eher zu einem Maximal-Ansatz zu neigen, während Japaner beim Aushandeln eines Vertrages den Minimal-Ansatz bevorzugen.

9. Team-Organisation: ein Leiter oder Gruppenkonsens?

Bei jeder internationalen Verhandlung ist es wichtig zu wissen, wie die andere Seite organisiert ist, wer die Entscheidungsbefugnis hat und wie der Prozess der Entscheidungsbildung abläuft.

Amerikaner haben in der Regel ein Verhandlungsteam mit einem obersten Leiter, der uneingeschränkte Vollmacht hat („John-Wayne-Methode"). Das Team ist gewöhnlich klein.

Japaner, Chinesen und Russen dagegen legen Wert auf Team-verhandlungen und Konsenssuche. Das Verhandlungsteam ist hier in der Regel groß. Die Entscheidungen dauern beim Typus „Gruppenkonsens" länger als beim Typus „Ein-Leiter-Team".

10. Risikobereitschaft: groß oder gering

Es gibt Studien, die belegen, dass bestimmte Kulturen eher versuchen Risiken zu vermeiden als andere. Japaner gelten als risikoscheu: sie benötigen ungeheure Informationsmengen und komplizierte Entscheidungsmechanismen. Sie sichern sich durch Gruppenkonsens ab.

Amerikaner gelten als risikobereit. Falls sie mit weniger risikobereiten Partnern zu tun haben, bemühen sie sich, Spielregeln und Beziehungen vorzuschlagen, die für die andere Seite die Risiken des Geschäfts mindern.

Hier die Merkmale und die Verhandlungs-Typen A und B in einer Übersicht:

Merkmal	Typus A	Typus B
Ziel	Vertrag	Beziehung
Einstellungen	Gewinn/Verlust	Gewinn/Gewinn
Persönlicher Stil	Informell	Formell
Kommunikation	Direkt	Indirekt
Zeitbewusstsein	Stark	Schwach
Emotionalität	Stark	Gering
Abkommensform	Spezifisch	Allgemein
Verfahrensweise	Induktiv	Deduktiv
Teamorganisation	Ein Leiter	Konsens
Risikobereitschaft	Groß	Klein

Diese beiden Verhandlungstypen sind unterschieden worden, um ein handhabbares Schema zu haben. Natürlich gibt es Mischformen. Verhandlungsstile weisen – wie Persönlichkeiten – eine erhebliche Bandbreite auf. Amerikaner scheinen eher dem Typus A, Japaner eher dem Typus B zuzugehören, während andere Länder Mischformen aus A und B darstellen.

> **Praxistipp.** Diese Liste von Merkmalen sollten Sie bei der Zuhörer und Situationsanalyse (Baustein 1) zusätzlich berücksichtigen, falls Sie im internationalen Geschäft engagiert sind.

Baustein 12

Baustein 12
Besprechungen

● ●

Eine Besprechung ist eine Sitzung,
in die viele hineingehen
und bei der meist wenig herauskommt
N. N.

Bei einer Besprechung handelt es sich um eine vorbereitete Zusammenkunft von mehr als zwei Personen, die einem Unternehmen oder einer Organisationseinheit angehören und die im Rahmen ihrer Aufgabenerfüllung unter Leitung eines Moderators/ Besprechungsleiters Informationen austauschen und verarbeiten (vgl. Saul 1999).

In den täglichen Besprechungen kommen alle Spielarten der fairen und unfairen Argumentation zur Anwendung.

Richtig eingesetzt, ist die Besprechung ein unverzichtbares Führungsmittel, das Ihnen eine Reihe von Chancen eröffnet:

● Vorerfahrungen, Kreativität und Urteilsfähigkeit aller Beteiligten können zur Lösung von Problemen genutzt werden.
● Gemeinsam Erarbeitetes kann nach außen überzeugender vertreten werden.
● Gute Besprechungen fördern die Motivation und Teamfähigkeit der Beteiligten.

Teilnehmer sind alle,
● deren Aufgabenbereich durch das Besprechungsthema unmittelbar betroffen ist,
● die über sachdienliche Informationen verfügen,
● die diese Informationen für ihre Aufgabenerfüllung benötigen.

Was Sie als Moderator/Besprechungsleiter bedenken sollten:

Betrachten Sie die Teilnehmer in Besprechungen nicht nur als „Problemlöser" oder als „Informationsträger", denen es ausschließlich um die Bewältigung von Sachfragen geht. Die Besprechungsteilnehmer haben immer auch emotionale und soziale Bedürfnisse, die sie bei der Verfolgung der Sachziele verwirklichen wollen. Beispiele für solche Bedürfnisse sind Anerkennung, Lob, Prestige, Sicherheit, Image, Macht.

Besprechungen und Diskussionen werden in der Regel umso erfolgreicher sein, je mehr es Ihnen als Besprechungsleiter gelingt, Sachziele anzusteuern und gleichzeitig die individuellen Bedürfnisse der Teilnehmer zu berücksichtigen.

Daraus folgen zwei Grundfragen der Besprechungs- und Diskussionsleitung. Sie sollten

- erstens das Sachziel durch geeignete Lenkungstechniken fördern (zielwirksames Handeln auf der Sach-Ebene),
- zweitens auf der Beziehungsebene dafür sorgen, dass die Teilnehmer motiviert sind und auch Gelegenheit erhalten, emotionale Bedürfnisse zu befriedigen.

Das Ziel muss klar und eindeutig definiert und jedem Teilnehmer bewusst gemacht werden. Wichtige Zielvorstellungen für die Praxis sind:

- Problembewusstsein schaffen und informieren (etwa im Vorfeld einer technischen Neuerung),
- Lage-Analyse mit Bestimmung der Kernprobleme und Ursachen,
- Erarbeitung alternativer Lösungsvorschläge,
- Förderung von Interesse und Verantwortung für ein Aufgabengebiet (Wir-Gefühl und Loyalität entwickeln).

Prüfen Sie, ob die Bedeutung von Zielsetzung und Besprechungsgegenstand eine Besprechung (und die dadurch verursachten Zeitkosten) rechtfertigt.

Kann das Besprechungsziel durch Korrespondenz, E-mail oder Telefonate erreicht werden? Kann die Besprechung durch eine Entscheidung des Verantwortlichen ersetzt werden? Ist es möglich, die Zusammenkunft zu verschieben oder mit einer anderen Besprechung zu kombinieren? Ist es notwendig, dass Sie teilnehmen? Eine Lenkung der Besprechung ist umso wichtiger,

- je mehr die Zeit drängt,
- je mehr Teilnehmer vorhanden sind,
- je schlechter der Informationsstand der Teilnehmer ist,
- je strittiger das Thema ist,
- je mehr man mit Emotionalisierung und Konflikten zu rechnen hat.

Die Besprechung auf der Sachebene effizient steuern

1. Einstieg optimieren

- Jede Besprechung sorgfältig vorbereiten,
- Besprechungsgegenstand abgrenzen und Ziel eindeutig definieren,
- Vorgehensweise festlegen (Tagesordnungspunkte, Besprechungsdauer und Pausenregelung mit der Gruppe abstimmen),
- sicherstellen, dass das betreffende Thema von den Teilnehmern verstanden wurde,
- Art und Umfang der Protokollierung mit den Teilnehmern abstimmen.

2. Zielgerichtet lenken

- Besprechungsprozess nach Phasen gliedern (siehe Seite 214),
- Fragetechnik einsetzen, um die Erfahrungen und Sichtweisen der Teilnehmer zu aktivieren,
- auf Ziel und Thema hinweisen/den „roten Faden" beachten,
- Unwesentliches aussondern,
- unterschiedliche Meinungen gegenüberstellen und Gemeinsamkeiten herausarbeiten,
- Visualisierungstechniken bei Bedarf nutzen,
- Teilergebnisse, Gesamtergebnis und Folgeaktivitäten zusammenfassen.

3. Weitere Regeln der Dialektik beachten

- Zwischen Behauptungen und Beweismitteln unterscheiden,
- Verständnishilfen geben, aktives Zuhören; Unverständliches erklären lassen,

- Worterteilung in der Reihenfolge der Meldungen und nach inhaltlichen Gesichtspunkten,
- Ineinandergreifen der Beiträge sichern,
- Konflikte und Meinungsverschiedenheiten fair auffangen, (Tipps des Harvard-Konzepts auf Seite 185 ff beachten),
- Signale der Teilnehmer beachten.

Die Besprechung auf der Beziehungsebene effizient steuern

Leitender Gesichtspunkt sollte sein, das Interesse der Teilnehmer an der Bearbeitung der Aufgabe und ihre Bereitschaft zur Mitarbeit aufzubauen. Wichtig ist die Förderung eines kooperativen Klimas und das strikte Einhalten der Regeln fairer Argumentation.

Worauf im Einzelnen zu achten ist:

1. Wertschätzung zeigen

- Teilnehmer angemessen oft mit Namen ansprechen,
- Blickkontakt halten,
- Prinzip des umkehrbaren Verhaltens einhalten, d. h. A geht mit B so um, wie er möchte, dass B auch mit ihm selbst umgeht,
- aufmerksam zuhören,
- Teilnehmer möglichst nicht unterbrechen (Ausnahme: Vielredner),
- bei Widerspruch zunächst die gemeinsamen Punkte herausstellen,
- dem Bedeutungsbedürfnis der Teilnehmer Rechnung tragen,
- bei auftretenden Konflikten darf niemand sein Gesicht verlieren,
- unfaire Taktiken der Dialektik im Keim ersticken (Beachten Sie hierzu die Abwehrmöglichkeiten in Baustein 9).

2. Teilnehmer aktivieren

- offene Fragen stellen,
- Fragen an die Gruppe zurückgeben,
- Gruppenleistung anerkennen; den erreichten Erfolg bewusstmachen,

- Sachautorität, wenn möglich, delegieren,
- Vorteile/Nachteile für das Aufgabengebiet der einzelnen Teilnehmer ansprechen,
- gemeinsames Interesse am Besprechungsgegenstand herausstellen,
- Vor-Erfahrung der Teilnehmer einbeziehen,
- aktivierende Methoden nutzen (Pinnwand-Technik, Diskussion, Brainstorming, Fragetechnik).

3. Gleiche Beteiligungsmöglichkeiten sichern und Verstehenshilfen geben

- Problemstellung und Inhalt unklarer Begriffe präzisieren helfen,
- schwierige Begriffe selbst definieren,
- Schlüsse/Folgerungen ziehen helfen,
- im Meinungsstreit unterlegene und zurückhaltende Teilnehmer ermutigen, um alle wichtigen Gesichtspunkte einbeziehen zu können,
- durch Rückfragen prüfen, ob alle folgen konnten,
- Standpunkte klären helfen,
- zu Rückfragen anregen,
- Regeln formulieren (Sprechzeit für Wortmeldungen, Gesamtzeit der Besprechung sowie einzelner Tagesordnungspunkte),
- als Leiter nicht mehr als etwa 20 % der gesamten Besprechungszeit in Anspruch nehmen.

Phasenkonzept für den Ablauf einer Besprechung
(vgl. Saul 1999)

Zwischen Eröffnung und Schluss einer Besprechung sind verschiedene Phasen zu durchlaufen, die zwar nicht scharf gegeneinander abgegrenzt werden können, die aber doch folgerichtig aufeinander aufbauen. In der Praxis kann natürlich eine Beschränkung auf bestimmte Stufen oder eine Erweiterung oder Kombination bestimmter Stufen – immer in Abhängigkeit vom Sachthema und von der zugrunde liegenden Zielsetzung – erfolgen.

Idealtypisches Phasenkonzept:

Phase 1 Eröffnung
Phase 2 Anlassdarstellung und Angabe des Formalziels, Abgrenzung des Sachthemas
Phase 3 Gesprächsplanung/Ablaufplanung
Phase 4 Informationssammlung (Wie ist der Sachstand, wo liegt das Problem? Wie sehen die Teilnehmer das Problem? Ist das Problem von allen verstanden worden?)
Phase 5 Informationsverarbeitung (Diskussion und Erörterung des Problems und seiner Ursachen)
Phase 6 Entwicklung von Lösungsvorschlägen
Phase 7 Entscheidung
Phase 8 Folgevereinbarungen
Phase 9 Abschluss

Weitere Gesichtspunkte, die für das Gelingen einer Besprechung bedeutsam sind:

- Die rechtzeitige Einladung der Teilnehmer mit Angaben über: Datum der Besprechung, Beginn und voraussichtliche Dauer, Ort, Name des Leiters, Namen der Teilnehmer (ggf. Hinweis auf Vertretungsmöglichkeiten), Thema, Problem, Zielsetzung, sonstige Hintergrundinformationen; Exposés, Grafiken u. ä.
- Besprechungsraum überprüfen lassen hinsichtlich Medien und Hilfsmitteln (Flip-Chart, Pinnwände, Beamer, Internetanschluss, Stecktafeln, Kleinmaterial, Video-Vorführgerät usw.); Namensschilder, falls notwendig; Tisch und Sitzordnung; Größe, Störquellen (Telefon, Straßenlärm u. a.).

Praxishilfen für Besprechungsteilnehmer

Bei Besprechungen geht es um die Lösung gemeinsamer Sachziele. Jeder Teilnehmer hat die Verantwortung, seine Problemlösungsfähigkeit und seine Erfahrung in kooperativer Weise einzubringen. Gute Ergebnisse setzen voraus, dass die oben genannten Kriterien erfüllt sind (d. h., dass der Leiter das notwendige Besprechungs-Know-how mitbringt) und dass Sie als Teilnehmer zu einer störungsfreien konstruktiven Kommunikation beitragen.

- an der Erreichung der Sachziele mitzuwirken, wobei Sie gleichzeitig Verantwortung für die Interessen Ihres Fachbereichs und für das gesamte Unternehmen tragen.
- sich persönlich überzeugend darzustellen. Jede Besprechung ist auch (verdeckte) Öffentlichkeitsarbeit für Ihre Person. Beachten Sie hierzu die Gesichtspunkte zu Rhetorik, Körpersprache und den Kriterien menschlicher Überzeugungskraft (Bausteine 2 bis 4).

Ihre persönlich beste Strategie, um Ihre Forderungen und Argumente/Einwände einzubringen, legen Sie in der Vorbereitung fest. Beachten Sie hierzu die Empfehlungen aus Baustein 1.
Bedenken Sie immer, dass Sie selbst darüber entscheiden,

- ob Sie etwas sagen wollen,
- wann Sie etwas sagen wollen,
- was Sie sagen wollen und
- wie Sie etwas sagen wollen.

Ihr eigenes Verhalten können Sie überdenken und weiterentwickeln anhand der folgenden sach- und teilnehmerorientierten Empfehlungen:

Wodurch Sie die Sache fördern:

- Halten Sie Ihre Beiträge kurz, konzentrieren Sie sich auf die Sache. Achten Sie darauf, ob der „rote Faden" erkennbar ist und die Erörterungen der Zielerreichung dienen.
- Bei emotional belasteten Themen ist es in der Regel ratsam, sich nicht als erster zu Wort zu melden. Dies bringt nämlich die Gefahr mit sich, dass Sie Einwände und Kritik auf sich ziehen. Der Vorteil einer frühen Wortmeldung liegt allerdings darin, dass Sie Einfluss auf die Richtung der Diskussion nehmen können.
- Akzeptieren Sie die Autorität des Leiters. Sprechen Sie nur, wenn Sie das Wort bekommen, beantworten Sie Fragen kurz und präzise. Signalisieren Sie dem Leiter, wenn Sie das Wort wünschen. Vermeiden Sie Machtkämpfe mit dem Leiter.

- Halten Sie sich an die vereinbarten Regeln und an die vorgegebene Zeit.
- Gehen Sie kooperativ mit Einwänden um (s. hierzu Baustein 7). Vermeiden Sie Streitgespräche und Emotionalisierung.
- Versuchen Sie, durch die Qualität Ihrer Beiträge und durch eine konstruktiv-positive Grundhaltung aufzufallen.
- Verzichten Sie darauf, anderen Teilnehmern der Besprechung (die ja keine Debatte ist und nicht zur Kampfdialektik gehört) eine Niederlage beizubringen. Erlittene Niederlagen wirken nach und können in Form aggressiver Angriffe zurückkommen.
- Versuchen Sie, ganz bei der Sache zu sein und auch durch kommunikative Fähigkeiten positiv aufzufallen.

Wodurch Sie die Kommunikation fördern:

- Lassen Sie andere ausreden.
- Beschränken Sie sich auf sachliche Beiträge, verzichten Sie auf Wortmeldungen aus Prestigegründen. Halten Sie sich konsequent an die Regeln des „fair play".
- Zeigen Sie sich offen für die Meinung anderer Fachbereiche. Es geht ja letztlich um die beste Lösung für das Ganze.
- Bemühen Sie sich um eine ständige Verständniskontrolle.
- Jeder kann dazulernen. Besprechungen sind auch Gelegenheiten, dazu zu lernen und neue Gesichtspunkte, Argumente und Einwände aufzunehmen. Niemand verlangt von Ihnen, dass Sie auf jede Frage ad hoc eine schlüssige Antwort haben.

Baustein 13

Baustein 13
Gespräche

●●●●●●●●●●●●●●●●●●●●●●●

Wer viel spricht, erfährt wenig.

Russ. Weisheit

Sie führen täglich eine Reihe von Gesprächen, sei es, dass Sie selbst die Initiative dazu ergreifen, sei es, dass Sie an Gesprächen teilnehmen, die andere veranlasst haben.

Zu den wichtigsten Gesprächen, die im beruflichen Alltag kommunikatives Geschick verlangen, gehören:

- Motivations- und
- Problemlösungsgespräche,
- Kritikgespräche,
- Mitarbeitergespräche,
- Einstellungsgespräche,
- Einweisungsgespräche,
- Beratungsgespräche/Coaching,
- „kleine" Gespräche (Smalltalk).

Diesen Gesprächsvarianten liegen unterschiedliche Anlässe, Sachthemen, Zielsetzungen und Situationen zugrunde. In diesem Baustein erhalten Sie allgemeine Empfehlung für erfolgreiche Mitarbeitergespräche sowie eine kurze Anleitung für die Anwendung von Gesprächsphasenkonzepten. Differenzierte Praxistipps zu den verschiedenen Gesprächsformen finden sich bei Saul 1999.

Hinweis

Die folgenden Empfehlungen für Mitarbeitergespräche können Sie – geringfügig modifiziert – auch für andere Gespräche des betrieblichen Alltags verwenden, beispielsweise Gespräche mit Kollegen oder mit Kunden. Praxistipps für den Smalltalk finden Sie in Baustein 4.

Regeln für gute Gespräche

Leitendes Ziel: Effizienz und Zufriedenheit

Unabhängig vom Gesprächsinhalt sollte man immer eine doppelte Zielsetzung beachten:

1. Effizienz in der Sache (Kriterium: Ist das Problem gelöst? Habe ich zusammen mit dem Partner das Sachziel erreicht?)
2. Zufriedenheit der Beteiligten (Kriterium: Sind die Beteiligten zufrieden mit Verlauf und Ergebnis des Gesprächs?)

Beim Kriterium „Effizienz" geht es um den rationalen Aspekt, um die Sachebene, um das Was des Gesprächs. Die unten beschriebenen Kleintechniken helfen Ihnen, den Gesprächsprozess zielwirksam zu strukturieren und gekonnt zu lenken.

Der Gesichtspunkt „Zufriedenheit" hat vorrangig mit der Beziehungsebene zu tun. Hierbei ist entscheidend, wie der Gesprächsprozess gestaltet wird, ob dominant, kooperativ oder auf andere Weise.

Tipps zur Vorbereitung

Eine differenzierte Checkliste zur Vorbereitung haben wir im ersten Baustein vorgestellt. Wenn Sie unter Zeitdruck stehen, sollten Sie sich mindestens diese Fragen beantworten:

- Welche Ziele und Interessen will ich minimal und maximal erreichen?
- Was sind (vermutlich) die Ziele und Interessen der Gegenseite?
- Was sind meine Kernargumente und Beispiele? (Bedenken Sie: Ihre Argumentation muss den Gesprächspartner überzeugen!)
- Welche Fragen habe ich an den Partner?
- Wie werde ich auf Einwände und kritische Fragen reagieren?
- Wie kann ich ein gutes Klima aufbauen?

Machen Sie sich Gedanken, wie Sie das Gespräch strukturieren wollen. Das unten beschriebene Phasen-Konzept hilft hier weiter. Besteht das Gesprächsziel in der Lösung eines Problems, so kommt diese Strukturierungshilfe in Frage:

Tipps zur Eröffnung

Zur Einleitung eines Gesprächs gehören die Punkte:

- Begrüßung und Herstellung eines persönlichen Kontakts zum Gesprächspartner (ggf. über Smalltalk),
- Überleitung zum Gesprächsanlass und -thema,
- Vereinbarung des Vorgehens (Ziel, Dauer und Struktur des Gesprächs).

Problemlösungsgespräch
– Phasenkonzept –

1. Eröffnung
2. Situation und Problem darstellen
3. Lösungsvorschläge erarbeiten
4. Diskussion
5. Ergebnis (Einigung, Kompromiss o. a.) Folgevereinbarungen
6. Abschluss

Wie können Sie einen guten persönlichen Kontakt herstellen?

Ihr Partner wird ein Gespräch eher als positiv erleben, wenn Sie

- eine entspannte Atmosphäre schaffen,
- dem Partner Interesse und Wertschätzung entgegenbringen,
- Blickkontakt anbieten,
- seinen Namen angemessen oft verwenden,
- auch seinen emotionalen Bedürfnissen Rechnung tragen,
- sich bemühen, den anderen zu verstehen,
- sich genügend Zeit für ihn nehmen,
- auf Gleichgewicht im Gespräch achten (etwa gleiche Gesprächsanteile),
- Feedback wahrnehmen und darauf reagieren,
- Ihrem Partner das Gefühl geben, am Zustandekommen des Ergebnisses mitgewirkt zu haben.

Kleintechniken zur Lenkung des Gesprächs

Ein gutes Gespräch ist ein Dialog, ist Teamarbeit. Vermeiden Sie daher Dominanzgebärden und überlange Beiträge, weil Sie den Gesprächspartner demotivieren und ein gemeinsames Ergebnis erschweren. Die Lenkungstechniken lassen sich in Anlehnung an Saul (1999) in drei Gruppen zusammenfassen:

1 Auf das Ziel lenken

- Machen Sie deutlich, wie Sie die Situation/das Problem sehen.
- Vertreten Sie Ihre sachlichen Interessen mit Nachdruck.
- Begründen Sie Ihre Meinungen.
- Heben Sie im Gespräch das Wesentliche hervor.
- Erinnern Sie an das Gesprächsthema und das Ziel.
- Formulieren Sie Zwischenergebnisse.
- Stellen Sie Fragen, um die Sicht Ihres Partners in Erfahrung zu bringen (seine Ziele, Interessen, Kriterien usw.).
- Legen Sie bei der Bewertung alternativer Lösungen objektive Kriterien zugrunde (siehe das Harvard-Konzept in Baustein 11).

2 Beteiligung des Gesprächspartners fördern

- Stimmen Sie mit Ihrem Partner den Gesprächsplan ab.
- Stellen Sie offene Fragen.
- Nehmen Sie sich zurück; bringen Sie kurze Beiträge.
- Verstärken Sie gute Ideen Ihres Gegenübers.
- Setzen Sie Sprechpausen ein, um Ihren Partner zu einer Wortmeldung zu bringen.
- Ihr Partner sollte etwa die gleichen Gesprächsanteile wie Sie selbst haben.

3 Wertschätzung zeigen

- Hören Sie konzentriert zu; lassen Sie ausreden.
- Zeigen Sie eine positive und offene Körpersprache.
- Signalisieren Sie Verständnis für die Argumente Ihres Partners.
- Heben Sie bei unterschiedlichen Meinungen zunächst die Gemeinsamkeiten hervor.

- Sprechen Sie Ihren Partner wiederholt mit seinem Namen an.
- Vermeiden Sie Dominanzgebärden, Rechthaberei oder Ironie.
- Achten Sie darauf, dass Ihr Gegenüber sein Gesicht wahren kann.
- Sichern Sie eine günstige Sitzanordnung (möglichst über Eck).

Gespräch beenden

Es ist ratsam, das Ergebnis des Gesprächs (z. B. Kompromiss, Konsens) in einigen Sätzen zusammenzufassen. Stellen Sie sicher, wo Sie Übereinstimmungen gefunden haben und wo die Standpunkte (noch) auseinanderliegen. Sprechen Sie Folgevereinbarungen an: Wer tut was bis wann und wie? Vereinbaren Sie klare Zeitziele und Maßnahmen, um die noch strittigen Probleme in Angriff zu nehmen.

Es fördert im Allgemeinen die Motivation, wenn Sie

- Wir-Formulierungen verwenden,
- Ihrem Gegenüber Hilfe für die Zukunft anbieten,
- sich zufrieden über das Gesprächsergebnis zeigen,
- das Gespräch mit einer positiven Geste ausklingen lassen.

Ergänzende Tipps für große und kleine Mitarbeitergespräche

Das Strukturierte Mitarbeitergespräch ist ein Dialog zwischen direktem Vorgesetzten und Mitarbeiter. Im Mittelpunkt stehen die grundsätzlichen Aufgaben und Ziele sowie die Entwicklungsperspektiven des Mitarbeiters. In diesem „großen" Gespräch geht es

- um eine Zusammenfassung der Arbeits- und Leistungsergebnisse des Mitarbeiters sowie seines Sozialverhaltens,
- um die künftigen Arbeitsaufgaben und Anforderungen an den Mitarbeiter,
- um die Möglichkeiten zur Verbesserung am Arbeitsplatz,
- um die Entwicklungs- und Weiterbildungswünsche des Mitarbeiters.

> ### „Strukturiertes Mitarbeitergespräch"
> *– Phasenkonzept –*
>
> 1. Eröffnung
> 2. Rückblick
>   - Aufgabe, Ergebnisse
>   - Zusammenarbeit
> 3. Vorausschau
>   - Zukunftsaufgaben und Ziele
>   - Sinnvolle Veränderungen und Verbesserungen
> 4. Vereinbarungen von Maßnahmen
>   - Entwicklungswünschen
>   - Realistische Perspektiven
>   - Förderungsmöglichkeiten
> 5. Abschluss

Insofern ist das Strukturierte Mitarbeitergespräch eine umfassende Aussprache, die einiges an Zeit erfordert, die aber für die Standortbestimmung und Zusammenarbeit zwischen Vorgesetztem und Mitarbeiter einen hohen Stellenwert hat. Eine besondere Chance liegt für den Vorgesetzten darin, nicht nur Feedback zu geben, sondern auch in Erfahrung zu bringen, wie sein Führungsverhalten bei dem Mitarbeiter angekommen ist und inwieweit Verbesserungsmöglichkeiten gegeben sind. Bei der Vorbereitung können sich Vorgesetzter und Mitarbeiter an dem dargestellten Phasenkonzept orientieren, das drei Hauptabschnitte umfasst: Rückblick, Vorausschau und Vereinbarungen von Maßnahmen.

Die skizzierten Anforderungen an gute Gespräche kommen natürlich auch beim Strukturierten Mitarbeitergespräch zur Anwendung.

„Kleine (Mitarbeiter) Gespräche" hingegen sind gekennzeichnet durch die Merkmale informell, eher unstrukturiert, auch emotional orientiert. Diese kleinen Mitarbeitergespräche machen 80 bis 90 % der täglichen Gespräche aus. Sie kann man auch als Smalltalk bezeichnen, daher werden sie häufig den großen Mitarbeitergesprächen vorgeschaltet, um Klima zu schaffen, sich persönlich näher zu kommen und um beiden Beteiligten ein psychologisches Ventil zu schaffen. Dieser Smalltalk wird im Baustein 4 behandelt.

Sie erfahren dort
- Chancen und Bedeutung des Smalltalk,
- Tabuthemen,
- Ideen für den Einstieg in den Smalltalk.

Baustein 14

Baustein 14
Auftritte in Funk und Fernsehen

● ●

Journalisten sind wie Krokodile.
Man muss sie nicht lieben, aber man muss sie füttern.
William Perry

Der Inhalt im Überblick:

● Wie sehen die Rahmenbedingungen aus?
● Checklist zur Vorbereitung
● Praxistipps zur Formulierung von Statements
● Praxistipps zum überzeugenden Verhalten bei TV-Auftritten
● Was tun bei Fangfragen und Reizthemen?
● Exkurs: Brückensätze für schwierige Situationen
● Kriterien zur Stärken-Schwächen-Analyse

Eine Gesprächsform, die in hohem Maße insbesondere dialektische Fähigkeiten verlangt, ist das Interview mit kritischen Journalisten. Die veränderte Situation in der Rundfunk- und Fernsehlandschaft hat dazu geführt, dass immer mehr Führungs- und Fachkräfte Statements und Interviews geben müssen. Dies hängt zusammen mit der verstärkten Regionalisierung bei den öffentlichrechtlichen Anstalten und dem zunehmenden Verdrängungswettbewerb zwischen den Sendeanstalten und den privaten Anbietern. Immer mehr Redaktionen wünschen Statements, Interviews oder die Teilnahme an Talkshows und Diskussionsrunden. Leider ist mit den steigenden Berichterstattungswünschen die journalistische Kompetenz nicht mitgewachsen. Im Gegenteil: Sensationsjournalisten und „aggressive Fragestrategien" haben Hochkonjunktur. Viele „Journalisten" führen trotz mangelnder Fachkompetenz und schlechter Vorbereitung Interviews. Moralisieren ohne Fachkompetenz (Lübbe) wird zu einem prägenden Merkmal in der Medienwelt.

Diese Bedingungen verlangen professionelle dialektische Strategien des Interviewten, um in (Stress-)Interviews und TV-Diskussionsrunden zu bestehen und das eigene Unternehmen überzeugend darzustellen. Dies ist auch deswegen notwendig, weil die eigene Informationsdecke oft dünn ist (z. B. bei aktuellen Ereignissen) und der Interviewstil des Journalisten in der Regel unbekannt ist.

Daher ist es wichtig, die Spielregeln des Interviews zu kennen um auch in kritischen Situationen sicher, kompetent, glaubwürdig, fair und sympathisch zu wirken.

Dieser Baustein hilft Ihnen,

- Auftritte in Funk und Fernsehen umsichtig vorzubereiten,
- Statements zielgerichtet zu formulieren,
- in Interviews zu bestehen und
- mit schwierigen Situationen besser zurechtzukommen.

Eine sorgfältige Vorbereitung ist auch hier der Schlüssel zum Erfolg. Zunächst ist zu klären, inwieweit ein TV- oder Radio-Beitrag überhaupt sinnvoll ist. Nimmt eine Redaktion mit Ihrem Unternehmen oder Ihrer Abteilung Kontakt auf, sind mindestens die folgenden Punkte zu klären:

Wie sehen die Rahmenbedingungen aus?

- Liegt der TV- oder Radio-Beitrag im Interesse des eigenen Unternehmens?
- Ist ein Statement, Interview oder ein Diskussionsbeitrag überhaupt sinnvoll?
- Welche Art von Beitrag ist geplant? In welcher Sendung soll er wann laufen?
- Lassen Sie sich vom Sender ein Videoband zuschicken mit der Sendung, in der Sie vorgesehen sind. Dieses Band gibt Ihnen Aufschluss über die Frageform, Frageart und die Vorgehensweise des Journalisten.
- Wie sieht das thematische Umfeld aus?
- Welcher Zeitrahmen steht zur Verfügung?
- Wer soll ebenfalls zu Wort kommen?
- Wurde bereits bei anderen Stellen Ihres Unternehmens um ein Statement/Interview angefragt? Was ist bereits gelaufen?

- Welche Fragen sollen zu welchen Themenkomplexen gestellt werden?
- Prüfen Sie, ob Sie wirklich der richtige (kompetente) Interviewpartner sind. In welcher Rolle sind Sie eingeplant?
- Welches Interesse verfolgt (vermutlich) der Journalist?

Ist die Entscheidung für einen Beitrag gefallen, sollten Sie sich ausreichend Zeit für die detaillierte Vorbereitung nehmen. Hierbei sind inhaltliche und persönliche Vorbereitung gleichermaßen wichtig. Beides hilft Ihnen, die eigenen Ziele bestmöglich zu erreichen.

Bedenken Sie immer die dreifache Wirkung Ihrer Beiträge: Im Kern vertreten Sie die Sache mit (hoffentlich) guten Argumenten und setzen sich möglichst kompetent mit Einwänden und kritischen Fragen auseinander. Gleichzeitig machen Sie (indirekt) Öffentlichkeitsarbeit für Ihr Unternehmen, Ihren Geschäftsbereich, Ihre Organisation. Schließlich geben Sie durch Ihr Auftreten immer eine Kostprobe Ihrer Persönlichkeit. Sie betreiben Öffentlichkeitsarbeit in eigener Sache.

Checklist zur Vorbereitung

Bei Ihrem Auftritt werden Sie nur dann die notwendige Sicherheit ausstrahlen, wenn Sie sich Zeit nehmen, um Interview oder Statement vorzubereiten und schwierige Situationen gedanklich durchzuspielen. Bei der Teilnahme an Diskussionsrunden können Sie sich zusätzlich an den Merkpunkten in Bausteins 15 orientieren. Nehmen Sie sich auch deshalb ausreichend Zeit für vorbereitende Überlegungen, weil schlechte oder fehlerhafte Auftritte vor Kamera- und Mikrofon oft langanhaltend kritisiert und immer wieder aufgewärmt werden.

Merkpunkt zur sachlichen Vorbereitung

- Definieren Sie Ihre Zielsetzung.
  - Welche Sachziele will ich erreichen?
  - Welches Image des eigenen Unternehmens soll herüberkommen?
  - Wie will ich persönlich wirken?

- Wer ist der Journalist, was kann ich über ihn und seinen Interviewstil erfahren? Ist der Interviewer
  - ein Selbstdarsteller, der lange redet und viele Fragen des Typs: „Information plus Frage" stellt?
  - ein Promotor des Befragten, der kurze Fragen stellt und dem Befragten viel Raum zur Selbstdarstellung gibt?
  - Stellvertreter der Zuschauer, der eher sachlich-ruhig oder polemisch-aggressiv nachfragt?
- Analysieren Sie gründlich den betreffenden Sachverhalt.
  - Besorgen Sie sich Hintergrundmaterialien, Statistiken, Presseinformationen, Aussagen Ihres Unternehmens und gesellschaftlich relevanter Gruppen.
  - Wie denken die Zuschauer (vermutlich) über den betreffenden Sachverhalt? Welches Vorwissen kann ich voraussetzen?
  - Welchen Bezug hat das Thema zur Lebenspraxis der Zuhörer?
- Gewichten und veranschaulichen Sie Ihre Argumentation.
  - Welche Argumente und Fakten sind aus der Sicht Ihres Unternehmens entscheidend?
  - Welchen Nutzen bringt das Thema der Öffentlichkeit?
  - Wie kann ich meine Sachargumente durch Bilder und Vergleiche veranschaulichen? Wählen Sie Beispiele, die jeder Zuschauer verstehen kann. Holen Sie den Zuschauer „in seiner Welt" ab!
- Sammeln Sie sachliche und unsachliche Einwände/Fragen und überlegen Sie sich/im Team dazu Reaktionsmöglichkeiten. Wie Sie auf unsachliche Fragen kontern, erfahren Sie am Ende dieses Bausteins.
- Erstellen Sie einen Stichwortzettel mit Ihren Kernbotschaften:
  - Formulieren Sie dabei Ihre Aussagen so knapp und präzise wie möglich.
  - Heben Sie Ihre Beispiele, Vergleiche und wichtige Zahlen hervor.
  - Beschränken Sie sich auf Stichworte, weil dies das freie Sprechen fördert.
  - Wählen Sie eine wirkungsvolle Einstiegsantwort („psychologischer Haltepunkt") und eine zusammenfassende Ausstiegsantwort. Letztere sollte die entscheidenden Punkte enthalten, die Sie beim Zuschauer verankern wollen.

Merkpunkte zur persönlichen Vorbereitung

Je seltener Sie mit Funk und Fernsehen zu tun haben, umso wichtiger ist es, ein persönliches Ritual zu finden, um Ängste und Redehemmungen in den Griff zu bekommen. Im Baustein 3 „Rhetorische Aspekte" haben Sie bereits allgemeine Praxistipps kennen gelernt, die mehr Sicherheit in Stress-Situationen geben können. Hier ergänzende Empfehlungen, um Schweißausbrüche, Herzklopfen und Zittern in der Stimme in Grenzen zu halten:

- Prägen Sie sich Ihre 5 bis 7 wichtigsten Kernbotschaften sehr gut ein. Memorieren Sie diese Inhalte. Ihre Kernbotschaften sind Ihre Haltepunkte in schwierigen Situationen, Ihre „Inseln im Wasser", falls Sie mal ins Schwimmen geraten sollten.
- Machen Sie Sprechproben mit Tonbandgerät oder Video-Kamera. Checken Sie Ihre Beiträge auf Stimme, Flüssigkeit, Verständlichkeit und Länge. Holen Sie ggf. Feedback von anderen ein.
- Üben Sie das Frage-Antwort-Spiel, wenn das Thema brisant ist. Hierbei ist der Rat von Kollegen oder eines externen Trainers hilfreich.
- Sammeln Sie Informationen über Ihre Publikumswirkung, speziell auch in Stress-Situationen:
  - Bleiben Sie auch bei heiklen Fragen ruhig und gelassen?
  - Lassen Sie sich emotionalisieren?
  - Ändern sich in Stress-Situationen Ihre Körpersprache und Stimme?
- Falls Sie beim Blick in die Kamera viel Stress empfinden, stellen Sie sich einfach einen Freund vor, der hinter der Kamera ist und dem Sie die Inhalte darstellen.
- Aus vielen Coachings und Seminaren kann ich Ihnen versichern: Sie wirken sehr viel besser als Sie meinen zu wirken!

Praxistipps zur Formulierung von Statements

Ein Statement ist eine kurze Stellungnahme, die vom Journalisten im Originalton eingeholt wird. Statements haben in der Regel komplementären Charakter. Sie ergänzen Meldungen in Nachrichtensendungen oder sind Bestandteile von Berichten, Reportagen oder anderen Sendeformen. Eine Eingangsfrage des Journalisten kann dem Statement vorgeschaltet werden. Bei heiklen Themen bietet ein Statement nur selten ausreichende Information für den Zuschauer. Daher erbitten Journalisten von vornherein ein Interview mit der Erlaubnis, bestimmte Passagen daraus als Statement verwenden zu dürfen. Die Cut-Schere macht das Interview dann zum Statement. Hierbei ist das ausdrückliche Einverständnis des Partners mit diesem Verfahren erforderlich. Die Sendedauer überschreitet selten ein bis zwei Minuten.

Spezielle Empfehlungen

- Beschränken Sie die Komplexität auf wenige Botschaften und Beispiele. Bedenken Sie: Was nicht sofort verstanden wird, wird nie verstanden!
- Sie sollten Ihre Botschaft in 20 bis 30 Sekunden übermittelt haben. Das sind etwa 7 bis 8 Schreibmaschinenzeilen. Faustregel: 15 Zeilen = 1 Minute.
- Halten Sie Ihre Sprache so einfach wie möglich; kurze Sätze, keine Abkürzungen. Benutzen Sie möglichst Ihre eigenen Formulierungen (natürlich bleiben!).
- Beachten Sie Ihre Kompetenzen: Keine Aussagen zu Themen machen, die nicht in Ihre Zuständigkeit fallen.
- Zeigen Sie Verständnis für die Anliegen und Probleme der Zuschauer.
- Kommen Sie sofort zur Sache. Verzichten Sie auf die Anrede des Journalisten sowie des Publikums. Wiederholen Sie niemals die Ausgangsfrage.
- Je kürzer das Statement, desto wichtiger ist es für Sie, es Wort für Wort zu formulieren.
- Beim Statement gilt immer: Blick in die Kamera. Bei späteren Nachfragen und beim Interview schauen Sie Ihren Interviewpartner an.
- Nutzen Sie Aufbaupläne für die Strukturierung von Statements.

Aufbaupläne für Statements

Bei der Abgabe von Statements ist es ratsam, die Vorteile der Fünfsatztechnik zu nutzen. Im Baustein 5 haben Sie eine Reihe von

Strukturplänen für die Argumentation kennen gelernt. Wegen der Flüchtigkeit der Medien Radio und Fernsehen ist es in der Regel ratsam,

- als Einstieg die Kernaussage zu bringen und durch die ersten Sätze Aufmerksamkeit zu wecken. Das Publikum sollte in wenigen Sekunden erkennen, wie Sie zu dem anstehenden Problem oder zu der gesellschaftlichen Frage stehen.
- im mittleren Teil die dreiteilige Argumentation (mit Beweismitteln wie: Fakten, Zahlen, persönliche Überzeugungen, Beispiele ...) zu bringen und
- zum Schluss in einem Zwecksatz oder Ausblick die eigene Position zu verstärken.

Wer in den Medien erfolgreich sein will, sollte in der Lage sein, kurze, klare und anschauliche Statements formulieren zu können. Dies gilt gerade auch für komplexe Themen: Sie sind in 30 Sekunden so einfach und logisch zu erklären, dass sie von jedem Zuhörer verstanden wird.

Praxistipps für überzeugendes Verhalten bei TV-Auftritten

Allgemeine Hinweise

- Sprechen Sie möglichst nicht vor grellen Farben oder Negativsymbolen.
- Vermeiden Sie Stress-Interviews ohne Zeugen. Ein Zeuge kann Sie ggf. auch optisch beraten (Kleidung, Schweiß, Gestik, Haltung ...).
- Achten Sie auf seriöse, gepflegte und situativ angemessene Kleidung. Vermeiden Sie starke Farbkontraste wie Schwarz-Weiß, Rot-Weiß, weil diese hart wirken. Vorteilhaft sind weiche, blasse Pastelltöne. Günstig: dunkelblaues Jackett mit hellblauem Hemd; für Kostüme und Bluse gilt Ähnliches. Verzichten Sie auf weiße Kleidungsstücke sowie teuren Schmuck und auffallende Statussymbole. Brillengestelle können unliebsame Schatten werfen; vielleicht sind Kontaktlinsen günstiger. In jedem Falle sollten Sie auf perfekten Sitz sowie geputzte und entspiegelte Gläser achten (vgl. Amberger-Thiel 2001).

- Optik, Körpersprache und Stimme wirken stärker auf den Zuschauer als die inhaltlichen Botschaften.
- Wenn Sie sich echt und situationsgerecht verhalten, haben Sie die beste Voraussetzung, um glaubwürdig und sympathisch zu wirken.
- Vermeiden Sie alle Extreme: Eine zu starke Körpersprache lenkt genauso vom Inhalt ab, wie zu lautes, zu schnelles, undeutliches Sprechen oder zu viele Dehnungslaute (Äh-Sagen...).

Auftreten und Körpersprache

- Achten Sie auf einen guten ersten Eindruck. Ob Sie als sympathisch, attraktiv und intelligent eingeschätzt werden, geschieht – so psychologische Untersuchungen der Universität Saarbrücken – in der Zeitspanne von 150 Millisekunden (weniger als das Sechstel einer Sekunde) bis 90 Sekunden.
- Gehen Sie daher freundlich und positiv eingestimmt vor die Kamera. Ein ruhiger Blick und gelassene Bewegungen werden mit Selbstsicherheit in Verbindung gebracht.
- Verstärken Sie Ihre Aussagen durch stimmige Gestik und Mimik! (siehe hierzu Baustein 3 Rhetorische Aspekte).
- Agieren Sie insgesamt ruhig und gelassen. Lernen kann man in dieser Hinsicht beispielsweise von Bill Clinton, Tony Blair, Gerhard Schröder oder auch Helmut Schmidt.
- Achten Sie auf einen guten letzten Eindruck, der Zuversicht und Optimismus vermittelt. Legen Sie sich vorab einen originellen einprägsamen Gedanken, ein motivierendes Motto oder einen zukunftsgerichteten Appell zurecht.

Empfehlungen zur Rhetorik

- Kommen Sie rasch auf den Punkt. Sprechen Sie in klaren, kurzen und einprägsamen Sätzen!
- Achten Sie auf eine geläufige und zuhörergerechte Sprache, weil dies Verständlichkeit und Sympathiewert fördert.
- Nutzen Sie Bilder, Beispiele und Vergleiche zur Verankerung Ihrer Botschaften. Entnehmen Sie diese der Erfahrungs- und Erlebniswelt der Zuschauer.

- Sprechen Sie möglichst frei.
- Sprechen Sie wichtige und schwierige Inhalte betont langsamer.
- Pausen helfen, Schnellsprechen zu vermeiden und den Gedankengang zu strukturieren.
- Gliedern Sie Ihre Antwort: „Dafür gibt es drei Gründe: erstens…, zweitens…, drittens…".
- Geben Sie bei notwendigen Fachbegriffen Verständnishilfen. Vermeiden Sie Abkürzungen und Fremdworte (z. B. unnötige Amerikanismen).
- Gehen Sie bei Versprechern einfach zum nächsten Gedanken über oder nutzen Sie Floskeln wie „Mit anderen Worten…"; „Besser ausgedrückt…" und dann beginnen Sie den Satz von vorn.

Empfehlungen zum Frage-Antwort-Verhalten im Interview

- Legen Sie vorab fest, was Sie sagen wollen und was nicht. Halten Sie sich an diese Maßgabe!
- Je unangenehmer die Frage, desto kürzer und freundlicher sollte die Antwort ausfallen. Der Journalist hat so weniger Zeit, sich die nächste Frage zu überlegen. Je länger man spricht, umso mehr Angriffsflächen bietet man und umso geringer ist im Allgemeinen der Sympathiewert.
- Wiederholen Sie niemals abwertende und negative Formulierungen, die der Journalist in seiner Frage verwendet hat.
- Verbinden Sie in Ihren Antworten „freie" mit „gebundener" Information:

  - Gebundene Information antwortet direkt auf die Frage.
  - Freie Information dient der Selbstdarstellung und Imageförderung Ihres Unternehmens. Freie Information ist das, was Sie losgelöst von den gestellten Fragen noch „unterbringen" wollen.
  - Die freie Information muss geschickt mit der gebundenen verknüpft werden. Günstig ist es, wenn Sie nach der Antwort ohne Sprechpause (Stimme bleibt oben!) den ergänzenden Punkt anschließen („Eine Anmerkung noch zu den Investitionen im Bereich Umweltschutz…").

- Aus der Sicht Ihres Publikums ist eine Botschaft interessant,
  - wenn das Thema aktuell und bedeutend ist,
  - wenn Betroffenheit ausgelöst wird durch Hinweise auf die Folgen im Alltag,
  - wenn anschauliche Beispiele gegeben werden,
  - wenn mit dem Nutzen argumentiert wird.

Was tun bei Fangfragen und Reizthemen?

- Springen Sie nicht blind auf „Reizthemen" an. Die Gefahr blinder Reiz-Reaktionen ist speziell bei heiklen Themen groß. Überlegen Sie gut, ob Sie etwas sagen wollen, wie viel Sie sagen wollen, ob Sie ggf. diplomatisch „Nein" sagen zu einer Frage, die Ihre Kompetenz oder Zuständigkeit übersteigt.
- Prüfen Sie sorgfältig die Prämissen in der Fragestellung. Bei Stress-Interviews sollten gravierende Falschbehauptungen in der Fragestellung sofort zurechtgerückt werden.
- Lassen Sie sich nicht auf ein „Minus-Spielfeld" ziehen. Wenn es „eng" wird, wiederholen Sie einfach Ihre Kernbotschaften (vorher gut einprägen!!).

Hilfreiche Redewendungen sind hierbei:

„Das sind zum Glück Einzelfälle. Insgesamt ist unsere Strategie sehr erfolgreich. Hier drei Beispiele ..."

„Wie bei jedem Großprojekt gibt es auch hier Bedenken. Die Chancen für die Menschen und für die Wirtschaft dürfen jedoch nicht übersehen werden ..."!

„Unser Unternehmen steht für Wirtschaftlichkeit *und* Umweltschutz. Ich will das gern veranschaulichen ..."

- Nutzen Sie Brückensätze als psychologische Puffer bei besonders schwierigen Fragen. Die folgende Zusammenstellung enthält Formulierungen, die bei schwierigen und unfairen Spielarten des Journalisten geeignet sind, Zeit zu gewinnen und auch bei Gegenwind ruhig und gelassen zu bleiben.

Exkurs: Brückensätze für schwierige Situationen

Interviewer überfällt Sie mit einem Sammelsurium unterschiedlicher Vorwürfe, die ein schlechtes Image erzeugen.

Reaktionen:

- Sie zeichnen da ein völlig falsches Bild... (Hierbei bewerten Sie in einem Satz alles, was Ihr Gegenüber gesagt hat)
- Zuerst möchte ich klarstellen...
- Sie reihen sehr pauschale Vorwürfe aneinander; die Wirklichkeit sieht zum Glück anders aus...

Interviewer bringt pauschale Unterstellungen

Reaktionen:

- Bitte präzisieren Sie Ihren Vorwurf...
- Dieser Eindruck kann vor allem dann entstehen, wenn man die vielen Verbesserungen ausblendet, die wir realisiert haben...
- Das mag auf den ersten Blick so aussehen...
- Ihre Frage enthält eine Unterstellung, die so nicht zutrifft...
- Ihre Frage erstaunt mich, denn gerade im Bereich regenerativer Energie...
- Das ist eine recht undifferenzierte Frage, die so nicht zutrifft. Worum geht es?...

Journalist bringt Fragen oder Einwände, die teilweise richtig sind

Reaktionen:

- Ich stimme Ihnen in dem Punkt X zu. Was jedoch Y und Z angeht...
- Im Prinzip gebe ich Ihnen Recht...
- Auf den ersten Blick mag dies zutreffen; wenn man sich jedoch die Details ansieht...

Journalist stellt hypothetische Fragen

Reaktionen:

- Das sind sehr spekulative Szenarien, die Sie entwickeln...
- Das ist eine sehr hypothetische Frage. Auf der Grundlage seriöser Untersuchungen gehen wir davon aus, dass...

- Ihrer Frage liegen sehr pessimistische Annahmen über die Zukunftsentwicklung zugrunde. Wie der Sachverständigenrat gehen auch wir davon aus …

Journalist bringt in seiner Frage negative Aspekte und Erfahrungen

Reaktionen:
- Glücklicherweise handelt es sich dabei um Einzelfälle …
- Sie sprechen negative Erfahrungen an. Dabei wird häufig übersehen, was wir schon erreicht haben. Unser Serviceangebot haben wir spürbar verbessert. Zwei Beispiele …
- Ihre Frage zeigt mir, dass der Grundgedanke der Strategie noch nicht deutlich geworden ist …

Journalist zitiert eine „kritische" Untersuchung

Reaktionen:
- Zu dem Thema gibt es eine Fülle von Untersuchungen …
- Zu jedem kontroversen Thema gibt es pro und contra …
- Es gibt neue Zahlen, die Ihre Aussage relativieren …

Journalist bringt persönliche Angriffe oder Beleidigungen

Reaktionen:
- Was beabsichtigen Sie mit dieser herabsetzenden Frage?
- Ich kann nicht erkennen, was Ihre Frage mit Fairness zu tun hat …
- Mit Polemik kommen wir in der Sache nicht weiter. Worum geht es? …
- Wenn ich auf den sachlichen Gehalt Ihrer Frage eingehe …

Rechtliche Aspekte

Wer nur sporadisch mit Leuten von Funk und Fernsehen zu tun hat, weiß kaum, welche Rechte er in Interviews oder bei der Abgabe von Statements hat. Je brisanter die Interview-Themen, umso wichtiger sind diese Merkpunkte:

- Sprechen Sie die Länge des Interviews genau ab. Vereinbaren Sie, dass bei Kürzungen nur ganze Fragen und ganze Antworten herausgenommen werden. Sonst ist der Manipulation Tür und Tor geöffnet.

- Die Aufzeichnung beginnt erst dann, wenn Sie das Einverständnis dazu gegeben haben.

- Sollten Sie sich versprechen, können Sie jederzeit unterbrechen und auf einer erneuten Aufzeichnung bestehen.

- Lassen Sie sich – falls möglich – das Interview nach der Aufnahme noch einmal in Bild und Ton vorspielen. Achten Sie darauf, dass Sie die Kernbotschaft klar formuliert haben und dass Ihre Körpersprache das Gesagte unterstreicht.

- Lassen Sie sich niemals vorschreiben, welche Aussagen des Interviews verwertet werden sollen.

- Bestehen Sie darauf, dass die Ihnen wichtigen Kernaussagen im Interview erhalten bleiben.

- Grundsätzlich sind alle Tonaufnahmen, wie sie beim Statement/Interview entstehen, nur mit Zustimmung des Interviewten zulässig, es sei denn, er habe bewusst das „Restrisiko der Öffentlichkeit" auf sich genommen. Damit sind z. B. öffentliche Veranstaltungen gemeint, wo Sie an sichtbar angebrachte Mikrofone gehen und dort vor Publikum Wortbeiträge produzieren. Jederzeit geschützt sind Sie allerdings gegen Überfallinterviews, wo man Ihnen unvorbereitet ein Mikrofon entgegenhält und ein Statement einfordert.

- Bei Schmutzkampagnen oder unsauberer Berichterstattung sollten Sie einen erfahrenen Juristen zu Rate ziehen.

Die abschließende Checklist zeigt Ihnen die relevanten Kriterien auf einen Blick. Sie können diese Arbeitshilfe bei der Vorbereitung oder auch bei der Analyse von Auftritten in Hörfunk und Fernsehen einsetzen.

Kriterien zur Stärken-Schwächen-Analyse
(Raster für Auftritte in Hörfunk und Fernsehen)

	++	+ –	– –
1. Auftreten, Persönlichkeit, Körpersprache			
– Erster und letzter Eindruck			
– Erkennbare Aufregung/Nervosität			
– Stimmige, engagierte Gestik			
– Angemessene Mimik			
– Verstärkung der Kernbotschaft durch Körpersprache			
– Echt, glaubwürdig und sympathisch wirken			
– Gelassenheit in Stress-Situationen			
– Blickkontakt zum Interviewer (Interview)			
– Blickkontakt zur Kamera (Statement)			
2. Stimme und Sprechtechnik	++	+ –	– –
– Entspannt, natürlich und frei sprechen			
– Verständlichkeit			
– Artikulation und Betonung			
– Dehnungslaute (Äh-Sagen…)			
– Angemessenes Tempo			
– Modulation			
– Pausentechnik			
3. Inhalt	++	+ –	– –
– Kernbotschaft zuschauergerecht formuliert			
– Strukturierung der Botschaft			
– Kompetent und imageförderlich wirken			
– Positiv und verständlich formulieren			
– Anschauliche Bilder, Beispiele und Vergleiche			
– Kurze, klare und einprägsame Sätze			
– Geläufige und konkrete Sprache (nicht zu viel voraussetzen)			
– Fachchinesisch, Abkürzungen, Fremdworte			
– Zeitgefühl			
– Stereotype (eigentlich; vielleicht…)			

4. Verhalten im Interview (Dialektik)	++	+ –	– –
– Positive Gesamtwirkung			
– Gelassen, sicher und konzentriert bleiben			
– Kernbotschaft als Haltepunkte			
– Gebunde und freie (imageförderliche) Info verbinden			
– Negative Formulierungen nicht wiederholen			
– Umgang mit Fangfragen/Unsachlichkeit			
– Nicht blind auf „Reizthemen" anspringen			
– Brückensätze nutzen			

Baustein 15

Baustein 15
Diskussionsrunden und Debatten

● ● ● ● ● ● ● ● ● ● ● ● ● ● ● ● ● ● ●

Was nicht umstritten ist,
ist auch nicht sonderlich interessant.
Johann Wolfgang von Goethe

In diesem Baustein erfahren Sie, wie Sie Ihre Interessen in Podiumsdiskussionen und Debatten bestmöglich vertreten können. Im Mittelpunkt steht die Beantwortung von drei Fragen:

● Welche Chancen bieten *Podiumsdiskussionen* und *Debatten*?
● Was haben Sie als Moderator zu beachten?
● Was haben Sie als Teilnehmer zu beachten?

Welche Chancen bieten Podiumsdiskussionen und Debatten?

Podiumsdiskussionen sind Auseinandersetzungen zwischen Personen oder Gruppen, die nicht den Zweck haben, ein Mitglied der anderen Partei zu überzeugen. Sie richten sich in erster Linie an das Publikum – also an mittelbar beteiligte Personen. In der Regel wird eine kontroverse Thematik unter Leitung eines Moderators diskutiert, wobei gesellschaftlich relevante Gruppen (Wirtschaft, Parteien, Wissenschaft, Kirchen, Betroffene, Medien usw.) durch Sprecher vertreten sind.

Debatten sind ebenfalls Auseinandersetzungen zwischen Personen oder Gruppen, die zur Meinungsbildung des Publikums beitragen wollen. Sie haben nicht zum Ziel, ein Mitglied der anderen Partei zu überzeugen oder gemeinsam ein Problem zu lösen. In der Regel handelt es sich um eine Pro-Contra-Situation, in der z.B. jeweils drei Teilnehmer kontrovers miteinander diskutieren. Ein Moderator leitet auch hier die Auseinandersetzung.

Die gemeinsame Zielsetzung von Podiumsdiskussionen und Debatten:

- nach außen überzeugen (Publikum im Saal oder am Fernseher),
- die wirkungsvolle Selbstdarstellung; die Austragung von Konflikten; die Verdeutlichung von Positionen und Argumentationen verschiedener Gruppen; die offensive Auseinandersetzung mit Gegenargumenten und Einwänden,
- Darstellung und Überprüfung der Tragfähigkeit der verschiedenen Argumentationen.

Als beteiligter Sprecher versuchen Sie mit Hilfe dialektischer Strategien (vgl. Lay):

1. Sympathiepunkte zu gewinnen, indem Sie
   - Emotionen und Bedürfnisse ansprechen,
   - Erwartungen des Publikums erfüllen,
   - positiv-freundlich wirken,
   - Humor angemessen einsetzen.

2. Ihre Argumente möglichst überzeugend darzulegen, indem Sie:
   - verständlich (einfach, gegliedert, kurz, prägnant, stimulierend) sprechen,
   - publikumswirksame Beweismittel bringen,
   - wiederholbar sprechen (Zuhörer muss die Quintessenz in eigenen Worten wiedergeben können),
   - plakativ-anschaulich darstellen (Setzen Sie Merkworte oder Reizworte ein, die vom Publikum positiv besetzt sind, damit Ihr Beitrag nachhaltig „gespeichert" wird!).

3. Ihre Gegner hart, aber fair zurückzuweisen. Achten Sie darauf, dass Ihre Reaktion nicht auf Kosten der Sympathie beim Publikum geht.

4. Bei Podiumsdiskussionen Koalitionen zielgerichtet aufzubauen.

Was haben Sie als Moderator zu beachten?

In der Einleitung

Als Leiter eröffnen Sie mit

- Anrede, Begrüßung,
- einem attraktiven Einleitungsgedanken, (z.B. Aktualität des Themas),
- Abgrenzung des Themas,
- ggf. kurzer Vorstellung der Teilnehmer,
- Darlegung der Regeln und der Vorgehensweise (Zeit, Szenario).

Im Hauptteil der Diskussion

Bei Podiumsdiskussionen fordert der Moderator die Teilnehmer (reihum) auf, ihren Standpunkt kurz darzulegen. Bei Pro-Contra-Debatten gibt zunächst die Gruppe ein Eingangsstatement, die etwas verändern will. Dann folgt das Statement der Gegenseite.

Haben die Parteien ihr Eröffnungsstatement gehalten, eröffnet der Leiter mit einer Impulsfrage die eigentliche Diskussion. Er wählt hierzu einen Aspekt, den er als erstes diskutiert haben möchte. Der Moderator

- erteilt den Teilnehmern hierzu das Wort,
- bemüht sich, Rede- und Gegenrede zwischen den Hauptkontrahenten laufen zu lassen,
- greift ein, wenn sich ein Sprecher nicht ans Thema hält, seine Redezeit überschreitet oder beleidigend wird.

Zu seinen Lenkungsaufgaben gehört es ferner,

- zum nächsten Teilthema überzuleiten, wenn ein Aspekt/Argument behandelt worden ist,
- dafür Sorge zu tragen, dass alle Teilnehmer in etwa die gleiche Redezeit erhalten,
- (als Anwalt der Zuschauer) die Zwischenergebnisse zusammenzufassen,
- das Wort in der Reihenfolge der Meldungen zu erteilen,

- die Diskussion durch neue Aspekte/provokante Beispiele usw. zu fördern,
- die Teilnehmer angemessen oft mit ihrem Namen anzusprechen,
- Verständnishilfen zu geben,
- auch die weniger aktiven, zurückhaltenden Teilnehmer miteinzubeziehen.

Im Schlussteil der Diskussion

fordert der Moderator die Teilnehmer auf, ein Schlussstatement zu geben. Danach beendet er die Diskussion mit einem kurzen, positiv gestimmten, wertfreien Schlusswort.

Fehler des Moderators

In öffentlichen Diskussionsrunden führt eine mangelhafte Moderation häufig zu unbefriedigenden Ergebnissen: Das Thema wird nicht abgegrenzt; es wird versäumt, die Grundbegriffe zu präzisieren; der Moderator ist parteiisch; die Diskussion verläuft unstrukturiert; die Fragen werden zu allgemein gestellt; der Moderator achtet zu wenig auf das Regelwerk und auf die Chancengleichheit der Teilnehmer. Nachteilig wirkt sich zudem aus, wenn der Leiter zu häufig interveniert, eigene wertende Beiträge zum Thema gibt oder die Diskussion übersteuert. Übersteuerung ist gegeben, wenn jeder Beitrag über den Moderator läuft.

Was haben Sie als Teilnehmer zu beachten?

Sie werden Ihre eigenen Interessen nur dann überzeugend vertreten, wenn Sie sich Zeit für die Vorbereitung nehmen, sich früh an der Diskussion beteiligen und alle Chancen nutzen, um zu agieren statt zu reagieren.

Gut vorbereiten

Unverzichtbar ist zunächst eine sorgfältige Vorbereitung. Zumindest sind diese Punkte zu durchdenken:

- Präzisierung der eigenen Zielsetzung (Was will ich erreichen? Minimal? Maximal?),
- Sammlung der Gründe, die für und gegen den eigenen Standpunkt sprechen,
- Gewichtung und überzeugende Ausgestaltung der Argumente,
- Sammlung wahrscheinlicher Einwände und Reaktionsmöglichkeiten,
- Festlegung des Ausgangsstatements (höchstens zwei Argumente),
- Festlegung des Schluss-Statements (soweit möglich).

Überlegen Sie im Vorfeld, welche Soll-Bruchstellen und „Löcher" die Position der Gegenseite vermutlich hat. Legen Sie sich für alle Fälle einen Fragenkatalog zurecht.

Beachten Sie die differenzierten Hinweise
zur Vorbereitung im ersten Baustein.

Früh beteiligen

Je länger Sie mit Ihrer ersten Wortmeldung warten, umso schwieriger wird es. Es kann sein, dass sich Abbruchgedanken einstellen, die in „innere Kündigung" kippen. Wenn Sie Diskussionen laufen lassen, ohne sich zu beteiligen, fühlen Sie sich in der Regel unwohl, überlassen anderen die Meinungsbildung und Sie selbst stellen sich als profillos dar.

Bedenken Sie auch, dass jede Einflussnahme auf die Diskussionen des Alltags Ihr Selbstvertrauen fördert und Redehemmungen überwinden hilft.

Was können Sie tun?

- Stellen Sie Fragen! Prüfen Sie die Behauptungen und Beweismittel der anderen. „Mir ist nicht klar, wie Sie Ihre These beweisen wollen..."; „Welcher Aspekt ist für Sie der entscheidende?"
- Führen Sie ein neues Argument in die Diskussion ein. Nutzen Sie hierbei die Standpunktformel.

- Entwickeln Sie Argumente weiter. „Ich möchte Ihre Ausführungen um einen Aspekt ergänzen…"
- Achten Sie auf den roten Faden. „Wir entfernen uns jetzt vom diskutierten Thema. Unsere Ausgangsfrage lautete…"
- Geben Sie Zusammenfassungen.
- Bauen Sie Koalitionen auf. „Ich stimme Ihrem Argument vollkommen zu…"
- Äußern Sie Bedenken und Kritik. „Im Prinzip stimme ich Ihnen zu. Was die Durchsetzung allerdings angeht, da habe ich doch erhebliche Zweifel…"
- Bemühen Sie sich „offensiv" um das Wort. Sie können bei einem interessanten Stichwort einhaken („Ihr Stichwort nehme ich gern auf…") oder ganz einfach um das Wort bitten („Ich möchte zu dem Thema gern meine Meinung sagen/einen Gesichtspunkt beisteuern…").

Weitere Tipps für die laufende Diskussion

- Versuchen Sie, stets sicher, kompetent, sympathisch, fair und glaubwürdig zu wirken.
- Begrenzen Sie die Länge Ihrer Wortbeiträge auf 30 bis 40 Sekunden, wenn nicht aus sachlichen Gründen längere Wortmeldungen notwendig sind.
- Lassen Sie sich nicht das Wort nehmen.
- Nutzen Sie die Chance, Ihre verbalen Ausführungen durch körpersprachliche und rhetorische Mittel zu verstärken.
- Führen Sie ein neues Thema ein, wenn es „eng" wird. Jede Diskussion ist (auch) ein Kampf um Themen.
- Nutzen Sie die Möglichkeit, „freie" Information mit „gebundener" Information zu verbinden. Freie Information bezeichnet all das, was Sie während einer Diskussion noch unterbringen wollen (unabhängig vom diskutierten Thema). Formulierungsbeispiele:
  „Darf ich noch einen Gedanken anfügen…"
  „Erlauben Sie mir zunächst den Hinweis auf das, was wir schon erreicht haben…" (Siehe hierzu auch Baustein 14)
- Einwände sollten Sie immer kooperativ und so behandeln, dass Ihr Diskussionspartner sein Gesicht wahren kann.

- Springen Sie nicht blind auf Reizthemen an.
- Nutzen Sie die Vorteile der Fünfsatztechnik.

Vermeiden Sie die folgenden Fehler beim Diskutieren

- mangelnde Themen- und Zielorientierung,
- zu langes Sprechen und zu viel Information (mindert Sympathiewert, überfordert Zuhörer, vergrößert Angriffsflächen),
- ungenaues Zuhören, das die Mängel („Löcher", „Schwachstellen") der Gegenargumentation nicht erkennt,
- Verkennen der Interessen, Erwartungen, Vorurteile, Erfahrungen und Denkmuster der Menschen, auf die man sympathisch wirken will,
- isolierte Beiträge oder Interventionen,
- Dominanzgebärden und Fachchinesisch, weil beides Ihren Sympathiewert senkt,
- mangelhafter Einsatz von Beispielen und Vergleichen,
- zu wenig oder zu viel Aggressivität,
- unzureichende Vorbereitung, die nur die Eigengründe, nicht aber die Gegengründe bedenkt.

Neue Gewohnheiten aufbauen –
wie mache ich das?

● ● ● ● ● ● ● ● ● ● ● ● ● ● ● ● ● ● ●

Wenn ich einen Tag nicht übe, merke ich es,
wenn ich zwei Tage nicht übe,
merken es meine Kritiker,
wenn ich drei Tage nicht übe,
merken es meine Zuhörer.
Der polnische Pianist Paderewski

Das Training dialektischer Fähigkeiten ist nur sinnvoll, wenn es auf Verbesserungen im Verhaltensbereich zielt. Das Lesen dieses Fachbuches ist hierzu ein erster wichtiger Schritt. Er reicht jedoch allein nicht aus. Vorsätze lassen sich nicht durch einen einmaligen Entschluß in die Alltagspraxis umsetzen. Notwendig ist vielmehr die beharrliche und bewußte Arbeit an sich selbst. Ohne den Willen und die Fähigkeit zur Selbsterziehung lassen sich Gewohnheiten, die ja in der Regel Ergebnis eines jahrelangen Lernprozesses sind, kaum verändern.

Dieses abschließende Kapitel zeigt Ihnen, wie Sie günstige Voraussetzungen dafür schaffen können, Ihr Verhalten zu verbessern.

Einen Teil der Praxishilfen werden Sie bei Bedarf relativ leicht umsetzen können. Dies gilt vor allem für die Anregungen, die sich auf die Vorbereitung der Argumentation oder auf die visuellen Hilfsmittel beim Präsentieren beziehen. Schwieriger ist es, das konkrete Verhalten in Verhandlungen oder Diskussionen nachhaltig zu verbessern und sich damit aus eingefahrenen Denk- und Handlungsabläufen zu lösen.

Die folgenden Transferhilfen sind darauf gerichtet, Ihre Bemühungen zur Vervollkommnung Ihrer Überzeugungskraft zu unterstützen. Sie erfahren zunächst, wie Sie Ihre eigenen Stärken und Lerndefizite erkennen können und wie wichtig ehrliches Feedback von anderen dabei ist. Daran anschließend lernen Sie die wichtigsten Ansatzpunkte kennen, um Ihr Auftreten und Argumentations*verhalten* nachhaltig zu verändern. Sie haben sehr gute Erfolgsaussichten, wenn Sie diese Empfehlungen nutzen:

- Anwendungsplan erstellen
- Das Neue im Alltag anwenden
- Lernen durch indirektes Feedback
- Kleine Übungen in den Alltag integrieren
- Mentales Training
- Chancen des Seminarlernens nützen

Eigene Stärken und Lerndefizite erkennen

Bei der Bestandsaufnahme Ihres aktuellen Argumentationsverhaltens können Sie sich an den Bausteinen dieses Buches orientieren. Das Bausteinsystem auf Seite 4 kann Ihnen bei der Auswahl eines Themas behilflich sein. Je nach Ausgangssituation können Sie an bestimmten Techniken arbeiten, z.B. an der Verbesserung Ihrer Fragetechnik. Sie können sich aber auch auf eine konkrete Anwendungssituation konzentrieren, also etwa die Verhandlungstechnik oder die Gesprächsführung.

Beantworten Sie mit Papier und Bleistift diese Fragen:

- Wo haben Sie beim Durcharbeiten oder Durchblättern innovative Ideen für Ihre Praxis gefunden?
- In welchen Bereichen wollen Sie sich weiterentwickeln? Wo vermuten Sie die größten Verbesserungspotenziale?
- Wie wirken Sie (vermutlich) auf andere, wenn Sie sprechen, diskutieren oder eine Verhandlung führen?

Selbstbild und Fremdbild

Bisher haben Sie Vermutungen angestellt, wo Ihre persönlichen Stärken und Schwächen liegen (wie Sie sich selbst wahrnehmen). Ihr Selbstbild muss aber nicht mit dem Fremdbild (wie andere Sie wahrnehmen) übereinstimmen. Im Gegenteil. Meine Erfahrungen in Seminaren zeigen immer wieder, dass die Selbsteinschätzung sehr oft schlechter ausfällt als die Einschätzung von anderen. Dies lässt sich vereinfachend so veranschaulichen:

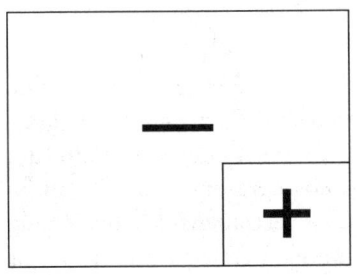

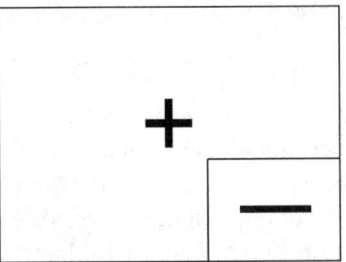

So sieht sich der
Argumentierende selbst
(Selbstbild)

So sehen die Zuhörer
den Argumentierenden
(Fremdbild)

Daher ist es wichtig, dass Sie sich um offene und ehrliche Rückmeldung (= Feedback) von anderen bemühen. Ziel muss es sein,
realistische Informationen darüber zu bekommen, wie Ihr Auftreten und Ihr dialektisches Verhalten von der Umwelt wahrgenom-
men und bewertet werden.

Diese Zusammenhänge erläutert das „Johari-Fenster" (entwickelt von Jo Luft und Harry Ingram).

Unsere zwischenmenschlichen Beziehungen lassen sich mit
Hilfe der vier Flügel des Johari-Fensters beschreiben:

Johari-Fenster

| | | selbst | |
		bekannt	unbekannt
anderen	**bekannt**	I. Öffentliche Person	II. Blinder Fleck
	unbekannt	III. Private Person	VI. Unbekannte Aktivität

Bereich I: „Öffentliche Person"

Dies sind die Verhaltensbereiche, die mir selbst und den anderen (Kunden, Kollegen, Freunden) bekannt sind. Nach dem ersten Kontakt mit einem Neukunden ist dieser Bereich noch sehr klein (der andere weiß noch wenig vom Vertriebsrepräsentanten). Wenn jemand über Monate oder Jahre hin eine vertrauensvolle Beziehung zum Kunden aufgebaut haben, ist dieser Bereich relativ groß. Er hat dann einen großen Teil seiner Person öffentlich gemacht.

Bereich II: „Blinder Fleck"

Dieses Feld beinhaltet Verhaltensweisen, die für andere sichtbar, mir selbst jedoch nicht bewusst sind. Hierzu gehören z.B.: Verlegenheitsgesten, zu schnelles Sprechen, „Äh-Sagen", Dominanz im Verhalten, zu viel Hektik.

Dies gilt genauso für positive Wirkungen, die der Kunde wahrnimmt, die Sie sich selbst jedoch noch nicht bewusst gemacht haben. So können Sie durch Feedback erfahren, dass Sie sehr viel kompetenter und sicherer wirken als Sie selbst vermuten.

Feedbackgespräche bieten Ihnen die Chance, Ihren blinden Fleck zu verkleinern und so schrittweise Ihr Selbstbild mit Ihrem Fremdbild in Einklang zu bringen. Mit Hilfe einer Video-Kontrolle können Sie überprüfen, was andere Ihnen über die Wirkung Ihres verbalen und non-verbalen Verhaltens gesagt haben.

Menschen Ihres Vertrauens
können Ihnen Feedback geben

- Ehefrau/Ehemann; Freunde; Bekannte
- Kollegen; Vorgesetzte; Mitarbeiter; Sekretärin
- Trainer und Teilnehmer in Seminaren
- Berater und Coaches
- Teilnehmer Ihrer Veranstaltungen und Präsentationen
- Mitglieder der eigenen Delegation und Dolmetscher (im internationalen Geschäft)

Bereich III: „Private Person"

Dies ist derjenige Teil Ihrer Persönlichkeit, der Ihnen bekannt und bewusst ist, den Sie aber nicht bekannt machen oder machen wollen. Bei Verhandlungen werden Sie es zum Beispiel vermeiden, Wissenslücken, Redehemmungen, Mängel Ihres Produkts oder eine unzureichende Vorbereitung zugeben.

Bereich IV: „Unbekannt"

Dies ist zum einen das Feld des „Unterbewusstseins", das z. B. verdrängte Ereignisse oder Handlungen der eigenen Lebensgeschichte beinhalten kann. Zum anderen gehören dazu auch latente Begabungen und Fähigkeiten, die noch nicht in Erscheinung getreten sind.

Praxishilfen zur Verhaltensverbesserung

Wenn Sie Ihr Verhalten verändern wollen, brauchen Sie Zeit. Gewohnheiten, die in Jahren gewachsen sind, lassen sich nicht in wenigen Tagen verändern. Wenn Sie auf mittlere Sicht eine spürbare Verbesserung Ihrer Dialektik wollen, helfen Ihnen diese psychologischen Empfehlungen in Verbindung mit der Teilnahme an bedarfsgerechten Seminaren weiter.

Anwendungsplan erstellen

Alles, was niedergeschrieben wird, erfährt eine Wertbetonung und prägt sich besser ein. Notieren Sie daher Ihre Lernziele und Vorsätze in einem Anwendungs- oder Aktionsplan. Möglichst unmittelbar nach dem Studium dieses Buches oder nach dem Besuch eines entsprechenden Seminars.

Auf wenige Aktionen konzentrieren

Unter psychologischem Blickwinkel werden Lernanstrengungen letztlich daran „gemessen", ob sie zu positiven Konsequenzen führen. Misserfolge bei der Umsetzung lassen sich dadurch vermeiden, dass Sie sich auf wenige Aktionen und Vorsätze konzentrieren, die (vermutlich) eine hohe Erfolgswahrscheinlichkeit haben.

Setzen Sie sich dabei konkrete Zeitziele, bis wann Sie was erreicht haben und wie Sie den Erfolg kontrollieren wollen.

Erinnerungsstützen einsetzen

Damit Sie Ihre Vorhaben nicht vergessen, ist es ratsam, Merkzettel in verkleinertem Format oder andere Mahnzeichen (z. B. kleine Klebepunkte in bestimmter Farbe) so lange mit sich zu führen, bis Sie Ihre Ziele erreicht haben, zum Beispiel

- im Zeitplanbuch,
- in der Brieftasche,
- am Computer,
- auf dem Schreibtisch.

Sie können Ihre Lernziele auch in Ihr persönliches Notebook eingeben und sich so in einem bestimmten Rhythmus – auch mit unterstützender Software – an Ihre Vorhaben erinnern lassen. Und natürlich kann auch ein Lernpartner oder ein Coach die Aufgabe übernehmen, Sie an bestimmte Vorsätze zu erinnern.

Das Neue im Alltag anwenden

„Begabungen können sich nur zeigen, wenn man sie auf die Probe gestellt hat", so Johann Wolfgang von Goethe vor knapp 200 Jahren. Dieser pädagogische Grundsatz ist immer noch aktuell und wird immer aktuell bleiben.

Suchen Sie offensiv nach Übungsgelegenheiten: Jedes Gespräch, jede Präsentation, jede Diskussion und Besprechung ist geeignet, Ihre Überzeugungsfähigkeiten weiterzuentwickeln und aus Fehlern zu lernen. Lassen Sie sich dabei nicht durch negative innere Dialoge und Redehemmungen blockieren. Setzen Sie im Zweifel auf Handeln.

Handeln besiegt Angst und bringt neue Erfahrungswerte. Führen Sie sich immer wieder die Empfehlungen zu einer positiven inneren Einstellung vor Augen. Bei dem großen Psychologen William James finden sich drei Schlüssel zum Erwerb neuer Gewohnheiten.

Intensiv beginnen

Beginnen Sie mit den neuen Gewohnheiten so intensiv wie möglich. Individuelle Anwendungspläne, Merkhilfen und vielleicht ein unterstützendes mentales Training tragen dazu bei, nicht in die alten Verhaltensmuster zurückzufallen. Jeder Tag, an dem ein Rückfall verschoben werden kann, vergrößert die Chancen, dass die neue Gewohnheit fortbesteht. Ein mentales Training hat allerdings nur Sinn, wenn es täglich duchgeführt wird. Kleine Schritte sichern Erfolge. Lassen Sie nie eine Ausnahme zu, ehe die neue Gewohnheit festen Fuß gefasst hat. Wichtig ist auch hier, von solchen Lernzielen auszugehen, die Erfolgserlebnisse ermöglichen. Wer auf kurze Frist viele neue Techniken und Vorsätze umsetzen will, wird scheitern. Ihre Anstrengungen müssen positive Konsequenzen haben, denn nur sie fördern die Motivation, das Neue weiterzuverfolgen. Es ist daher ratsam, sich eine oder zwei Lerndefizite herauszusuchen und diese zu überwinden. Setzen Sie sich hierbei Fristen und überprüfen Sie Ihren Lernfortschritt durch regelmäßige Selbstkontrolle.

Sofort beginnen

Ergreifen Sie die erstmögliche Chance, Ihren Vorsatz durchzuführen. Vorsätze teilen Ihrem Gehirn ein neues „Verhaltensmuster" mit, allerdings nicht, wenn sie getroffen werden, sondern erst, wenn sie konkrete Auswirkungen im Alltag haben. Ohne die Organisation von Erfolgserlebnissen wird es nicht gelingen, die erwünschten Verhaltensweisen aufzubauen und auf Dauer zu festigen.

Lernen durch indirektes Feedback

Feedback kann direkt und/oder indirekt gegeben werden. Indirektes Feedback erhalten Sie immer, wenn Sie mit anderen im Dialog sind, so in jedem Gespräch und in jeder Diskussion oder Präsentation:

Ihre Zuhörer reagieren stets auf das, was Sie sagen. Achten Sie auf Mimik, Gestik und die übrigen körpersprachlichen Signale bei den anderen. Diese zeigen Ihnen, inwieweit Aufmerksamkeit und Zustimmung oder Ablehnung, Widerspruch gegeben ist.

Nutzen Sie die Lernquelle „Feedback" vor allem auch dann, wenn Sie beispielsweise eine veränderte Argumentationsstrategie oder ein neues Medium in Präsentationen ausprobieren.

Kleine Übungen in den Alltag integrieren

Es gibt eine Reihe bewährter rhetorischer Übungen, die Sie bei Bedarf in Ihren Alltag fest einplanen können. Die im Kasten dargestellten Übungsvarianten bieten Ihnen die Chance, die ausgewählten Überzeugungstechniken einzuüben.

Übungen im Alltag

- Denk-Sprechen üben (mit Tonband oder Video)
  - Stegreifsprechen fördern
  - Fünfsätze trainieren
  - Zeitgefühl verbessern
  - Sprachliche Unarten beseitigen (Äh-Sagen usw.)
  - Mikrofonsicherheit fördern
- Frage- und Einwandtechniken trainieren
  (in allen kommunikativen Situationen)
- Initiative zeigen in Diskussionen, Besprechungen und Gesprächen
- Mit fremden Menschen Smalltalk trainieren
- Checklisten zur Vorbereitung anwenden
- Analyse von Diskussionen in Funk und Fernsehen

Mentales Training

Die Erfahrung zeigt, dass es leichter fällt, bestimmte Vorsätze umzusetzen, wenn Sie das erwünschte Verhalten vorher simuliert haben. Diese Form des gedanklichen Probe-Handelns kennen Sie sicherlich aus dem Hochleistungssport, z.B. beim alpinen Ski, beim Rodeln im Eiskanal oder etwa in der Leichtathletik beim Stabhochsprung. Spitzensportler bestätigen, dass komplexe Handlungsläufe mit Hilfe des Mentaltrainings schneller erlernt oder vervollkommnet werden.

Eine kleine ergänzende mentale Übung unterstützt zusätzlich: Entwerfen Sie mit Hilfe Ihrer Vorstellungskraft das überzeugendste rhetorische Leitbild von sich selbst. So und so möchte ich vor die Gruppe treten, so und so möchte ich „rüberkommen", wenn ich vor Kunden präsentiere oder am Tisch argumentiere. Meine Seminarteilnehmer wünschen sich in der Regel, positiv und sicher aufzutreten und die Inhalte mit Engagement und Begeisterung in Mimik, Gestik und Stimme darzustellen. Halten Sie Ihr eigenes rhetorische Leitbild fest und definieren Sie kleine Lernschritte, um sich diesem Bild anzunähern.

Chancen des Seminarlernens nutzen

Die Teilnahme an Seminaren bietet eine Reihe zusätzlicher Chancen:

- Das dialektische und rhetorische Know-how wird komprimiert und didaktisch aufbereitet vermittelt.
- Sie erhalten Gelegenheit, unter fachlicher Anleitung praxisbezogene Situationen zu simulieren, Neues zu erproben, Erfahrungen mit anderen Teilnehmern auszutauschen und durch Feedback-Gespräche und Video-Kontrolle Ihren „Blinden Fleck" zu verkleinern.

Gütekriterien für Seminare

Vor der Teilnahme an Seminaren ist es ratsam, die Qualität der Angebote anhand der folgenden Gesichtspunkte einzuschätzen:

- Prüfen Sie Image, Programmschwerpunkte und Erfahrungen des Anbieters.
- Fragen Sie nach Qualifikation, Referenzen und berufspraktischen Erfahrungen des Trainers.
- Entsprechen Zielgruppe und Lerninhalte Ihren Voraussetzungen und Erwartungen?
- Ist das Seminar praxisbezogen gestaltet und ist ausreichend Gelegenheit gegeben, Überzeugungssituationen Ihres beruflichen Alltags zu simulieren?

- Bewegt sich die Teilnehmerzahl in einem vertretbaren Rahmen (nicht mehr als 12 bei einem Zwei- oder Dreitagestraining; optimal 7 Teilnehmer).
- Kommen vorwiegend aktivierende Lernmethoden zum Einsatz, also: Übungen, Simulationen, Diskussion, Gruppenarbeit, Erfahrungsaustausch, Fallstudien, Lehrgespräche u. a.?
- Die verwendeten Methoden dürfen nicht im Widerspruch stehen zu wissenschaftlichen Erkenntnissen. Vorsicht bei maßlosen Lernziel-Versprechungen und den Methoden mit Erfolgsgarantie in zwei Tagen!

Sprechen Sie die Weiterbildungs- und Personalentwicklungsexperten in Ihrem Unternehmen an. Dort sind in der Regel das Wissen und die Marktkenntnis vorhanden, um eine optimale Seminarempfehlung zu geben. Als Führungs- und Fachkraft kleinerer Unternehmen finden Sie entsprechende Ansprechpartner in den Kammern, Weiterbildungsakademien, Wirtschafts- und Berufsverbänden und den übrigen Einrichtungen zur Führungskräfte-Weiterbildung.

Transferförderung nach Seminaren

Eine handlungs- und transferorientierte Gestaltung des Seminars sichert noch nicht die erfolgreiche Umsetzung des Erlernten. Daher sind stützende Transferhilfen am Arbeitsplatz notwendig. Gerade in Klein- und Mittelbetrieben kann hierbei der Vorgesetzte im Zusammenwirken mit der Personalabteilung erheblich mehr tun als bisher:

Transfergespräch zwischen Teilnehmer und dem Vorgesetzten

Hier geht es zum einen um die Bewertung des Seminars, insbesondere im Hinblick auf neue Erkenntnisse und den individuellen wie auch allgemeinen Praxisnutzen. Daneben sollten konkrete Aktionen zur Umsetzung des Erlernten besprochen werden. Leitfragen: Sind die ursprünglichen Erwartungen und Bedürfnisse erfüllt worden? Was kann unmittelbar in die Praxis umgesetzt werden und wie soll dies geschehen? Was kann auf mittlere Frist verbessert werden und wie? In welcher Weise kann der Vorgesetzte hierbei unterstützen? Welche Erkenntnisse gibt es, die für andere Mitarbeiter, für die ganze Abteilung oder unternehmensweit von Wichtigkeit sind?

Umfassende Lern- und Transferförderung

Die Förderungsimpulse des Vorgesetzten dürfen sich nicht darauf beschränken, dem Mitarbeiter Feedback zu geben und ihn bei der Erreichung seiner Transferziele zu unterstützen. Als Coach sollte er alle Chancen nutzen, um den Mitarbeiter schrittweise an schwierigere Situationen, in denen Verhandlungs- und Argumentationsgeschick gefordert ist – auch im internationalen Geschäft – heranzuführen.

Transferbrief

Um dem Vergessen entgegenzuwirken, ist es sinnvoll, jedem Teilnehmer nach 4 bis 6 Wochen einen Brief mit der Quintessenz des Seminars und individuellen Empfehlungen zuzusenden. Dieser Transferbrief sollte möglichst die abfotografierten Flip-Chart-Anschriebe und besonders wichtige PowerPoint-Charts beinhalten.

Transferseminare

Nachfolgeseminare nach 2 bis 3 Monaten bieten den Teilnehmern die Möglichkeit, über Erfolge und Schwierigkeiten bei der Umsetzung des Erlernten zu sprechen, wichtige Inhalte zu vertiefen und ihre Aktionspläne zu aktualisieren. Im Prinzip kann dies auch in persönlichen Gesprächen mit dem Trainer/Coach erfolgen.

Ausblick

Die Vervollkommnung Ihrer Überzeugungsfähigkeiten verlangt in der Summe: die Bereitschaft zur Persönlichkeitsentwicklung, den Willen zum Erfolg, Selbstvertrauen, Offenheit gegenüber neuen Ideen, die Analyse der eigenen Stärken und Lerndefizite, ungeschminkte und ehrliche Rückmeldung von anderen, die Teilnahme an bedarfsgerechten Seminaren oder Coachings, die gezielte Umsetzung der neuen Erkenntnisse und das ständige Üben und Dazulernen im Alltag.

Suchen Sie in allen Lebensbereichen aktiv nach Möglichkeiten, um zu sprechen, zu argumentieren und zu diskutieren. Setzen Sie auf Initiative und Engagement. Geben Sie das Gesetz des Handelns nicht aus der Hand. Überwinden Sie Passivität und Ängstlichkeit. Akzeptieren Sie Fehler. Sie sind unvermeidbar auf dem Weg zum Erfolg. Wichtig ist nur, dass Sie Misserfolge als Lernquelle betrachten und Fehler nicht zweimal machen.

Ob Sie innovative Impulse aus einem Buch, einem Seminar oder aus Gesprächen mit Fachleuten beziehen, beachten Sie bei der Weiterentwicklung Ihrer Überzeugungsfähigkeiten stets, dass Sie sich treu bleiben. Suchen Sie sich aus den angebotenen Anregungen und Techniken diejenigen Empfehlungen heraus, die zu Ihren beruflichen Situationen, Ihren Karrierezielen und zu Ihrer Persönlichkeit passen.

Viel Erfolg bei der Vervollkommnung Ihrer dialektischen Fähigkeiten wünscht Ihnen Ihr

Albert Thiele

Falls Sie Informationen zu Seminaren und Coachings wünschen oder weiterführende Fragen haben, helfen wir gern weiter. Besonders würden wir uns über Ihr Feedback zum Buch freuen: Was hat Ihnen gefallen, was sollten wir in Zukunft besser machen?

Hier unsere Adresse:

Dr. Albert Thiele
Advanced Training
Nievenheimer Str. 72
40221 Düsseldorf

Tel.:   0211-154688
Fax: 0211-151995
E-mail: Dr.Thiele@t-online.de
Internet: http://www.albertthiele.de

Literaturverzeichnis

Anton, K.-H.: Mit List und Tücke argumentieren. Techniken der boshaften Rhetorik. Wiesbaden 2000.

Berckhan, B.: Die etwas intelligentere Art, sich gegen dumme Sprüche zu wehren. München 2001.

Cargenie, D.: Rede – interessieren, begeistern, überzeugen. Lahr 1988.

Csikszentmihalyi, M.: Das flow-Erlebnis. Stuttgart 2000.

Dahms, C. und M.: Die Magie der Schlagfertigkeit. Wermelskirchen 1995.

Donaldson, M. C.: Erfolgreich Verhandeln für Dummies. Übers. aus dem Amerikan. von R. Christiansen. Bonn 1998.

Edmüller, A.; Wilhelm, T.: Argumentieren: sicher, treffend, überzeugend. Planegg 2000.

Elkin, A.: Stress-Management für Dummies. Aus dem Amerik. übersetzt von M.- Thomas. Bonn 2000.

Ellis, A.: Grundlagen und Methoden der Rational-Emotiven Verhaltenstherapie. Stuttgart 1997.

Engelhardt, D.: Vericon – Ratgeber „Schlagfertigkeit" (www.vericon.de). Frankfurt a.M. 2003.

Festinger, L.: A Theory of Cognitive Dissonance, Stanford (Cal.) 1957.

Fey, G.: Gelassenheit siegt! Mit Fragen, Vorwürfen, Angriffen souverän umgehen. Düsseldorf 1998.

Fisher, R.; Ury, W.: Das Harvard-Konzept. Sachgerecht verhandeln – erfolgreich verhandeln. Frankfurt a.M. 2000.

Förster, H.-P. (Hrsg.): Floskelscanner mit CD-Rom. Frankfurt a.M. 2000.

Fricke, W.: Frei reden. Das praxisorientierte Trainingsprogramm. Frankfurt a.M. 2000.

Gaßdorf, D.: „Zickenlatein" Den Erfolg herbeireden. Das Weiberbuch, das Männer heimlich kaufen. Frankfurt a.M. 2001.

Geißner, H.: Rhetorik und politische Bildung. Frankfurt a.M. 1993.

Goldmann H.M.: Wie Sie Menschen überzeugen. Kommunikation für Führungskräfte. Düsseldorf, Wien, New York 1999.

Goleman, D.: Emotionale Intelligenz. New York 1995.

Häusel, H.-G.: Brain Script. Warum Kunden kaufen. Stuttgart 2004.

Hierhold, E.: Sicher präsentieren – wirksamer vortragen. Wien 2002.

Klein, H.-M.: Exzellent Streiten. Regensburg, Düsseldorf, Berlin 2001.

Lay, R.: Dialektik für Manager. München 1999.

Malik, F.: Führen, Leisten, Leben. Wirksames Management für eine neuen Zeit. München 2001.

Märtin, D.: Image-Design. Die hohe Kunst der Selbstdarstellung. München 2000.

Molcho, S.: Körpersprache im Beruf. München 2001.

Molcho, S.: Alles über Körpersprache. München 1998.

Neuberger, O.: Das Mitarbeitergespräch: Praktische Grundlagen für erfolgreiche Führungsarbeit. 5. Aufl. Leonberg 2001.

Nöllke, M.: Schlagfertigkeit: Das Trainingsbuch. Freiburg 2002.

O'Connor, J.; J. Seymour: Neurolinguistisches Programmieren: Gelungene Kommunikation und persönliche Entfaltung. Freiburg 1002.

Porter, D.: Überzeugend Diskutieren. Weinheim, Basel 2002.

Püttjer, C.; Schnierda, U.: Die heimlichen Spielregeln. Frankfurt 2002.

Rentzsch, H.- P.: Kundenorientiert verkaufen im Technischen Vertrieb. Erfolgreiches Beziehungsmanagement im Business-to-Business. Wiesbaden 2001.

Reusch, F.: Der kleine Hey. Die Kunst des Sprechens. Mainz 2000.

Rizk-Antonious, R.: Qualitätswahrnehmung aus Kundensicht. Wiesbaden 2002.

Rohner, E.: Taschenbuch Rhetorik. Kommunizieren und verstehen. Heidelberg 2000.

Ruede-Wissmann, W.: Das hat gesessen. Unschlagbar im Streitgespräch. Wien 2003.

Sarnoff, D.: Auftreten ohne Lampenfieber. Frankfurt, New York 1992.

Saul, S.: Führen durch Kommunikation. Weinheim, Basel 1999.

Schlüter, B.: Rhetorik für Frauen. Wir sprechen für uns. München 1998.

Schopenhauer, A.: Eristische Dialektik oder die Kunst, Recht zu behalten. Frankfurt a. M. 1995.

Schulman, P.: Applying Learned Optimism to Increase Sates Productivity, Journal of Personal Selling & Sales Management, 19,1, 31-37; 1999.

Schulz v. Thun, F.: Miteinander Reden: Störungen und Klärungen. Reinbek b. Hamburg 1985.

Selye, H.: Stress beherrscht unser Leben. München 1991.

Tannen, D.: Du kannst mich einfach nicht verstehen. Warum Männer und Frauen aneinander vorbeireden. München 1998.

Textor, A. M.: Sag es treffender. Essen 2002.

Thiele, A.: Argumentieren unter Stress. Wie man unfaire Angriffe erfolgreich abwehrt. Frankfurt a. M. 2004.

Thiele A.: Innovativ Präsentieren. Frankfurt a.M. 2002.

Ury, W.L.: Schwierige Verhandlungen. Wie Sie sich mit unangenehmen Kontrahenten vorteilhaft einigen. München 1992.

Von Senger, H.:36 Strategeme für Manager. 3. Aufl. München, Wien 2004.

Wachtel, S.: Sprechen und Moderieren in Hörfunk und Fernsehen. Mit CD-Rom. Konstanz 2000.

Walther, G.: Sag, was du meinst, und du bekommst, was du willst. München 1996.

Watzlawick, P.: Anleitung zum Unglücklichsein. München 1988.

Weidenmann, B.: Gesprächs- und Vortragstechnik. Weinheim, Basel 2002.

Wilhelm, T.; Edmüller, A: Überzeugen. Die besten Strategien. München 2003.

Will, H.: Vortrag und Präsentation. Weinheim, Basel 1997.

Zittlau, D.: Schlagfertig kontern in jeder Situation. München 2000.

Sachverzeichnis

Druck und Bindung: Strauss GmbH, Mörlenbach